Tome II. feuilles 1 - 14
1o feuille 14 manque

PANORAMA

DE

L'INDUSTRIE FRANÇAISE,

PUBLIÉ

PAR UNE SOCIÉTÉ D'ARTISTES ET D'INDUSTRIELS,

SOUS LA DIRECTION DE

M. AL. LUCAS.

2ᵉᵐ Livraison.

PARIS,

Chez **CAILLET**, Éditeur, Galerie Vivienne, Nᵒ 13.

1839.

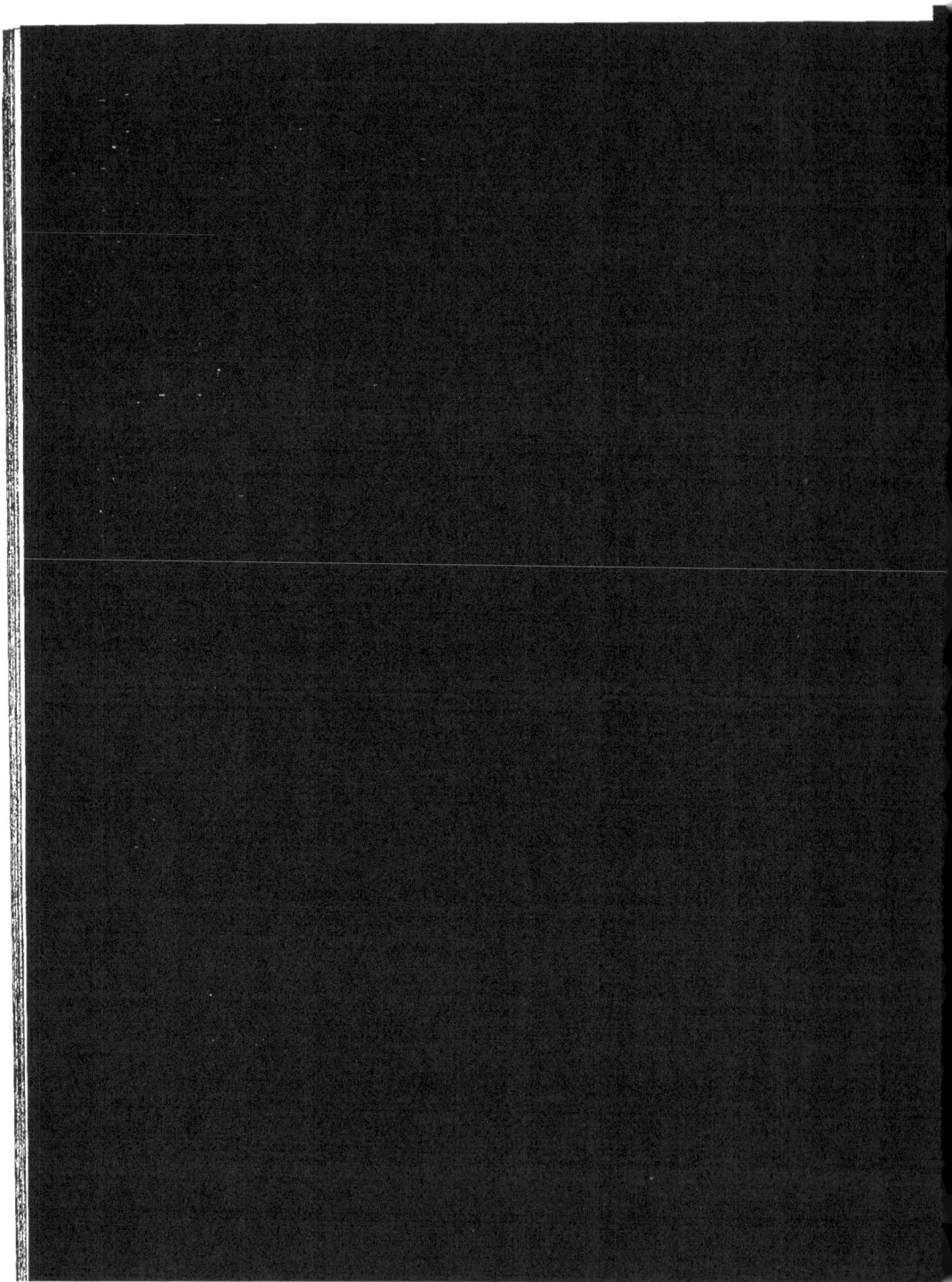

PANORAMA

DE

L'INDUSTRIE FRANÇAISE.

CHAPITRE PREMIER.

BRONZE, ORFÉVRERIE, PLAQUÉ.

⸺✦⸺

SECTION PREMIÈRE.

Le bronze est un alliage de plusieurs métaux dans des proportions très-variées ; le métal des canons, celui des cloches, celui des statues, des médailles, porte le nom générique de bronze, et n'est pourtant pas de même nature. On en varie la composition selon les destinations, pour lui donner plus de ductilité, de ténacité et de malléabilité possible, et pour le rendre plus propre à être coulé, tourné, ciselé, plus sain et plus capable d'absorber une plus grande quantité d'or ; on recommande les proportions suivantes, au cent :

Cuivre. 75
Zinc. 22
Étain 2
Plomb. 1

Total. . . . 100

La colonne de Juillet, que l'on élève en ce moment, se composera comme il suit :

Cuivre.	91	40
Zinc.	5	53
Étain	1	70
Plomb.	1	37
Total. . .	100	00

Cette composition est la même que celle qu'avait adopté les frères Keller, célèbres fondeurs sous Louis XIV, pour tous les grands objets sortis de leurs ateliers. On a donné le nom de *patine antique* à la couleur que le bronze acquiert lorsqu'il est resté quelque temps exposé au contact de l'air.

M. Denière évalue à 25 millions la production annuelle, l'exportation aux deux tiers de la production, et à 6,000 le nombre des fondeurs, mouleurs, tourneurs, ciseleurs, monteurs, doreurs, metteurs au vert, sculpteurs et marbriers : ces chiffres démontrent toute l'importance de cette intéressante industrie.

C'est toujours dans des fours à réverbère que l'on fond le bronze ; la température doit être assez élevée pour le faire liquéfier promptement ; car, s'il reste trop long-temps exposé à l'air, une portion considérable du zinc, de l'étain et du plomb, se brûle ; le cuivre se fond plus difficilement, coule mal et ne peut, par conséquent, prendre tous les détails du moule.

Dans la fabrication, on trouve d'abord le modèle ; le modèle, pensée première du fabricant, est une œuvre d'art et de goût. Cette première pensée, reproduite par le dessin, est confiée à un artiste qui l'exécute en plâtre ou en bois. Le modèle fait, on le moule dans un sable préparé. Ce sable est tiré des carrières de Fontenay-aux-Roses, qui seul a les propriétés convenables pour le moulage, qui se fait au moyen de pièces de rapport comme le moulage en plâtre. Cette opération terminée, on retire le modèle, et le moule ayant acquis à la chaleur de l'étuve le degré de sécheresse désiré, on verse dans le vide le bronze en fusion, qui reproduit le modèle dans ses moindres détails. La pièce sortant du moule est remise aux mains du ciseleur, chargé de corriger les imperfections de la fonte, de ramener l'objet qui lui est confié à la pureté primitive du modèle, dont il est la reproduction. Les pièces séparées étant ciselées sont assemblées par le monteur. Le produit ainsi terminé en *blanc*, est livré à l'ouvrier doreur qui le fait recuire, et le déroche en dissolvant la partie oxydée du métal avec de l'acide nitrique mélangé d'eau. Le travail du doreur était fort dangereux, mais les *fourneaux d'appel* de M. Darcet y ont apporté de grandes améliorations. Tous les produits terminés en blanc ne sont pas toujours dorés, mais souvent bronzés ; on appelle bronze, dans ce cas, l'imitation artificielle et instantanée de cette teinte nommée *patine antique ,* dont nous avons déjà parlé.

Les anciens donnaient le nom de bronze à l'airain ou cuivre pur, celui de tous les métaux dont ils faisaient le plus grand usage ; cependant tout ce qui nous reste de monumens ou d'instrumens exécutés par eux est en bronze proprement dit ; il paraît même qu'ils exécutaient avec cette matière leurs épées, casques, boucliers, et même la plus grande partie des ustensiles dont ils se servaient habituellement ; ce n'est que très-rarement, que l'on trouve des armes en fer, ayant appartenu aux peuples de l'antiquité ; et s'il est vrai, comme le prétend Geoffroy, que le cuivre allié avec 1/5 de fer devient d'une extrême dureté, on ne doit plus être étonné de voir les anciens employer fréquemment le métal, qui, chez eux , était le plus commun et dont l'emploi était le plus facile.

L'époque à laquelle le bronze fut employé pour la première fois , se perd dans la nuit des temps ; les Égyptiens et les Grecs le connaissaient, ils mêlaient l'airain et le fer ; suivant le témoignage de Pline , une statue d'Athamas furieux, ouvrage d'un certain Aristonide , et qui existait de son temps , était composée de ces deux métaux.

Aristote veut que ce soit un Lydien du nom de Scèles qui ait fait la découverte du bronze ; Théophraste, de son côté, prétend qu'elle est due au Phrygien Delas ; d'autres auteurs varient également d'opinions sur ce point ; le Serpent d'airain, que Moïse fit fondre pour les Israélites, et dont il est question dans les Saintes Écritures, est sans doute un des plus anciens des monumens qui furent exécutés avec cette matière ; mais on attribue généralement au statuaire Rhæcus qui , suivant Pausanias , vivait à Samos 700 ans avant J.-C., l'art de fondre les statues en airain et en bronze. Il paraîtrait que jusque-là ses devanciers ne s'étaient essayés que dans des objets de fort mince importance et de très-petites proportions , dont quelques-uns font encore partie des collections de nos musées ; on cite comme œuvre d'une haute antiquité une statue de Jupiter Hypathos , exécutée à Sparte par Learque de Rhœgium ; celles d'Armodius et d'Aristogiton , les premiers monumens de ce genre possédés par Athènes, puis une foule d'autres appartenant à tous les pays, et qu'il serait trop long de citer ici.

Après avoir atteint un très-haut degré de perfection , l'art du fondeur commença à décliner sous l'ère la plus glorieuse de la république romaine, et se perdit presque entièrement sur la fin du siècle qui vit expirer le Bas-Empire.

Comme petits bronzes, les anciens nous ont laissé des statuettes, des figurines, des médailles de divers modules, remarquables encore par la grace , le fini et la correction du travail.

On peut conclure, si l'on considère l'exiguité des ouvrages en ce genre que nous ont laissé les anciens, que s'ils connurent l'art de fondre les statues, ils essayèrent rarement de jeter en fonte de grands ouvrages.

Il y eut sans doute un Colosse de Rhodes, une figure gigantesque de Néron ; mais ces pièces , énormes sous le rapport de la grandeur, n'étaient que de la platinerie de cuivre sans être fondues ; la statue de Marc-Aurèle , à Rome, celle de Come de Médicis , à Florence , d'Henri IV , à Paris, furent fondues à plusieurs reprises.

Avant le ministère de Louvois , les fonderies françaises étaient si peu avancées , qu'il fallait recourir aux usines étrangères pour faire couler en bronze les œuvres de nos statuaires.

Les frères Keller sont restés les meilleurs fondeurs ; de nos jours, on admire encore, les œuvres magnifiques qui sont sorties de leurs ateliers, et notamment la statue équestre de Louis XIV, qui avait sept mètres de hauteur et pesait 16,631 kil. , qui fût coulée d'un seul jet, en 1699, par Balthazar Keller, et qui vint affranchir la France des tributs qu'en ce genre, elle payait à ses voisins.

Depuis cette époque, l'art a fait chez nous de rapides progrès, et maintenant c'est dans nos ateliers que l'étranger vient chercher des artistes fondeurs ; c'est à nos fonderies qu'il demande les plus beaux et les plus grands ouvrages.

La fonte des grands ouvrages de bronze ne se fait pas sans que celui qui en est chargé ait à surmonter de nombreuses difficultés, aussi ne saurait-on trop payer des artistes comme les frères Keller, ou comme, de nos jours, les Quesnel, les Ingé et Soyer, dont les magnifiques ouvrages ajoutent à la gloire du pays et excitent l'envie des étrangers ; l'économie et les beaux arts ne peuvent marcher de compagnie ; si nous voulons que nos jardins de plaisance et nos places publiques soient ornés d'ouvrages magnifiques, il faut se déterminer à payer magnifiquement les artistes chargés de les exécuter. Si les gouvernans s'étaient toujours montrés pénétrés de cette vérité, nous ne verrions pas autant d'œuvres plus que médiocres déparer les lieux qu'au contraire elles devraient orner ; la pensée de l'artiste ne serait plus défigurée, et des dépenses qu'au premier aspect on pourrait peut-être croire inopportunes et exagérées serviraient, en définitive, à augmenter la prospérité du pays. Un seul exemple, pris entre mille, servira à prouver la vérité de cette allégation.

L'exécution de la colossale statue de Desaix fut adjugée au rabais, un entrepreneur s'en chargea moyennant 100,000 francs, non compris le bronze, et céda son marché à un fondeur qui entreprit cette opération à forfait pour 20,000 francs, seulement ; comme on doit bien le penser, le fondeur ne voulut pas de statuaire pour surveiller le moulage du modèle ; les parties creuses les plus difficiles furent remplies afin d'éviter les difficultés du moulage ; on essaya le moulage en sable dans des châssis, on construisit des fourneaux, une charpente, et quand on voulut couler, les châssis cédèrent et le bronze tomba dans la fosse, une grande quantité fut perdue. On fut obligé de recommencer ; le fondeur alors imagina de couler des pièces séparées, sans s'occuper du titre des diverses parties et sans calculer les retraits ; les proportions se trouvèrent altérées et la ciselure ne put réparer ces défauts.

On a remarqué à l'exposition de 1834, une grande quantité de bronzes véritablement remarquables, cependant l'exposition de 1839 a laissé bien loin derrière elle celle de 1834 ; MM. Quesnel, Ingé et Soyer, Denière et Thomire, se sont montrés supérieurs à leur réputation ; on a remarqué aussi les produits de plusieurs fabricans que l'on n'avait pas encore vu figurer aux expositions de l'industrie nationale.

La place de Paris est le siége de l'industrie des bronzes, industrie qui demande à la fois une intelligence très-prompte et des capitaux considérables ; c'est là que cette industrie, fille du bon goût et de la civilisation crée ces chefs-d'œuvre qu'on admire dans les salons des riches, en France et à l'étranger. L'Angleterre et l'Allemagne ont voulu l'introniser chez elles, mais leurs efforts ont été inutiles. Ce n'est pas en fermant la porte, par des tarifs, aux produits des artistes français, qu'on pouvait espérer de les voir imiter ; d'ailleurs, il en est des peuples comme des individus, tous ne sont pas propres à cultiver les arts de goût avec le même succès.

Nous sommes fiers, à bon droit, de plusieurs fondeurs, qui peuvent aux plus justes titres, être considérés comme de grands artistes ; nos plus habiles statuaires, nos sculpteurs les plus distingués tiennent à honneur de consacrer leurs talens à ces œuvres remarquables, à ces riches ornemens qui ne peuvent se passer ni d'art ni de goût ; MM. Thomire et Denière ont prodigué l'or, l'argent et le bronze à MM. Pradier, Fratin, Barye, dont la renommée grandit tous les jours, à Klagmann, Feuchères, Liénart, Jules Cavelier, artistes modestes et consciencieux, qui se signalent par une profusion presque incroyable d'idées et d'ornemens.

Le caractère dominant des bronzes mis à l'exposition est le retour aux vieux genres, et surtout au style dit de la *renaissance ;* tout maintenant est à la renaissance, les candelabres, les pendules sont historiées à la façon de ce goût italien du XVe siècle ; on ne voit partout qu'ornemens empruntés à l'art florentin, tous nos fabricans de chenets tranchent du Michel-Ange, et nos lampistes du Benvenuto Cellini.

Si, sous le rapport de l'aspect, les bronzes qui ont figuré à l'exposition sont à peu près irréprochables, ils pêchent en général par leurs dimensions et leurs larges proportions ; leurs dessins révèlent sans doute beaucoup de goût, de grandeur, et des idées larges et avancées, mais lorsqu'on les examine, on est forcé de se demander si nos demeures ont suivi cette même progression, et si l'on vient à réfléchir que de jour en jour nos habitations se font plus étroites, on est au moins étonné que les ornemens croissent en étendue au lieu de se rapprocher des exigences de nos villes et de nos logis.

Un reproche que l'on peut encore adresser à nos fabricans de bronzes, est le prix élevé de la plupart des objets qu'ils ont mis à l'exposition ; quel est donc le public qui achète ces pendules de 10,000 francs, ces surtouts de 20,000 francs, ces lustres de 8,000 et 10,000 francs ? A qui donc peuvent servir ces cassolettes à parfums, ciselées à la manière antique, aujourd'hui qu'il n'y a plus d'autres parfums dans les appartemens que celui des fleurs, ou de quelques eaux distillées par Chardin et par Laboullée. Heureusement que derrière ces pièces capitales de leurs exhibitions qui paraissent n'avoir été exécutées que pour montrer au public ce que l'on pouvait faire, nos fabricans de bronze ont placé des marchandises courantes, dont le prix n'effraiera pas les fortunes moyennes.

En résumé, nos fabriques de bronzes sont à des degrés différens en large voie de progrès ; leurs modèles sont en général bien choisis, et le mélange des métaux ou coloris adopté par la plupart d'entre elles pour les objets d'ameublement, est une innovation heureuse qui mérite d'être signalée. Ces teintes vertes, orangées, argentées, cet emploi dans quelques morceaux des pierreries fausses ou vrais, pâles ou étincelantes, tout cela fait merveilleusement, toutes ces nuances rompent d'une façon très-originale la sombre uniformité du vert antique, du rouge florentin, ou de l'or mat ou bruni.

Parmi nos principaux fondeurs, on peut citer MM. Ingé et Soyer, Richard, Eck et Durand, Quesnel et de La Fontaine ; et, parmi les fabricans, MM. Denière, Thomire, Ledure, Lerolle, Willemsens, etc.

SECTION II.

FONDEURS EN BRONZE.

SOYER, INGE et Fils, 28, rue des Trois-Bornes. — Médaille d'argent en 1834. — Bronzes. — On doit à MM. Soyer, Ingé et Fils, des produits aussi remarquables par la perfection de la fonte au sable que par le travail de la ciselure, que leurs efforts ont rendu beaucoup plus facile ; ils exposaient, en 1834, le groupe de l'*Hercule* de Canova, la *Madeleine* du même sculpteur avec toute sa grace, toute sa pureté primitive, une réduction du *Moïse* de Michel-Ange et des représentations d'animaux que le ciselet et la lime avaient à peine touchés, les produits qu'ils ont exposé cette année ne sont pas moins remarquables ; ces messieurs qui ont acquis le privilége de fondre les monumens historiques ont exposé un grand nombre de statuettes, de coupes, de lampes, de teintes diverses ; tous ces échantillons sont d'une pureté irréprochable et reproduisent les plus heureuses créations de nos sculpteurs modernes. Dans une statue de bronze de divers tons qui représentait une *Jeune Fille des campagnes de Rome*, d'après M. Dantan, on voit tout ce que MM. Soyer, Ingé et Fils ont d'intelligence et de talent. Ces messieurs ont encore fondus pour Périgueux, *Fenélon* ; pour Strasbourg, *Guttemberg* ; le *Christ de Marochetti*, la *Madeleine* de Cortot, *Carrel* etc., etc.

QUESNEL, à Paris, 22 et 24, rue des Amandiers-Popincourt. — Fabrication d'objets en bronze, articles non ciselés. — Médaille d'argent en 1834. — MM. Quesnel ont exposé des pièces de fonte brute obtenue par le sable et le procédé de la cire perdue ; ils nous paraissent avoir porté cette industrie au dernier degré de perfection désirable, en un mot MM. Quesnel ne sont point inférieurs dans l'art de fondre les grands morceaux, aux artistes dont nous venons de parler ; parmi les diverses figures qu'ils ont exposé nous avons remarqué la statue de l'*Improvisateur*, d'après Duret, celle d'une *Esclave Péruvienne*, d'après Jean Debay ; ces œuvres sont de la plus complète et de la plus magnifique exécution. MM. Quesnel ont encore exposé une sorte de candelabre formé de feuillages divers qui ont emprunté les couleurs et les formes de la nature. Ce fût, ingénieusement agencé, est plein de richesse dans ses détails, il est destiné à servir de base à un jet-d'eau dont les capricieuses gerbes viendront se briser sur cette éternelle verdure : cet ouvrage est d'une intention neuve et pittoresque.

RICHARD, ECK et DURAND, à Paris, 15, rue des Trois Bornes. — Bronze d'art et d'ameublemens remarquables. — MM. Richard, Eck et Durand se sont faits honorablement connaître par les nombreux et importans travaux qu'ils ont exécuté depuis quelque temps, et parmi lesquels nous devons citer avec éloge les portes de la nouvelle église de la Madeleine ; cette œuvre, véritablement artistique, a fait le plus grand honneur à MM. Richard, Eck et Durand ; et, de l'aveu de tous les artistes, c'est le plus beau morceau, en ce genre, que l'on est encore exécuté.

MM. Richard, Eck et Durand sont en même temps d'habiles fabricans et des artistes consciencieux ; aussi l'important établissement qu'ils dirigent, nous paraît-il réunir tous les élémens de succès désirables.

SECTION III.

FABRICANS DE BRONZE.

DENIÈRE, à Paris, 9, rue d'Orléans, au Marais. — Médaille d'or en 1823, rappel en 1827, et 1834. — Objets de bronze pour ameublemens, tables et ornemens. — M. Denière est depuis long-temps l'un de nos premiers fabricans de bronzes ; il a conquis ce rang distingué non-seulement par la richesse et le nombre de ses produits, mais plus encore par le soin et le fini qu'il apporte dans leur exécution. M. Denière a exposé, en 1834, une table à thé dans le style du siècle de Louis XIV, que nous citerons comme un modèle d'élégance, et une Psyché donnée par la ville de Paris à Mme la duchesse d'Orléans. Cette année, à l'aide d'artistes distingués et des matériaux les plus précieux il a composé un admirable surtout dont il nous sera difficile de donner une faible idée : au milieu d'un vaste plateau, tout en *nielle,* est placé un coffret incrusté de pierreries ; le plateau est entouré d'une suite de figurines en relief représentant des sujets de chasse : les chasseurs sont les plus beaux petits amours joufflus qui aient jamais décoré les panneaux du petit Trianon ; tous ces morceaux pris à part rappellent plutôt la plus élégante orfévrerie que les recherches du bronze ; tous les matériaux ont été employé à la confection de cette œuvre magnifique, le bois, le fer, le cuivre, la passementerie, les marbres, les pierres précieuses, les *nielles,* la porcelaine ; chacun de ces matériaux avec ses formes, son éclat, sa grace particulière.

Avec ce surtout, la pièce capitale de son exhibition, M. Denière a encore exposé :

Une lampe à glands, fantaisie orientale du plus charmant modèle ;

Une pendule en bois de chêne avec filets d'or ; les bois sont incrustés dans les panneaux surmontés d'animaux sculptés avec talent, par M. Jules Cavelier ;

Une autre pendule achetée par M. le duc d'Orléans, exécutée sur les dessins de M. Questel, architecte ;

Un grand lustre composé sur des dessins inédits de David.

M. Denière nous paraît avoir étudié avec soin les beaux modèles du XVIᵉ siècle ; il a imité, sans les copier, les œuvres du siècle suivant ; il n'a pas même négligé l'art de l'empire si conspué de nos jours, qu'il a en quelque sorte réhabilité.

Tous les jours l'Italie, l'Allemagne, l'Angleterre, la Russie, demandent à M. Denière les magnifiques produits de sa fabrique ; ses ateliers de la rue d'Orléans, au Marais, dans lesquels il occupe un grand nombre d'ouvriers, sont le témoignage de l'intelligence avec laquelle il sait discerner ce que réclament à la fois l'art dont la supériorité est incontestable, la fabrique et la manufacture qui donnent la vie au travail et fécondent l'intelligence industrielle par le mouvement.

THOMIRE Père et Fils, 45, rue Blanche. — Médaille d'or en 1806, rappel en 1819, 1823, 1827 et 1834. — Bronzes et dorures ciselés. — MM. Thomire père et fils soutiennent dignement l'ancienne et durable renommée de leur maison. Leurs grandes entreprises ont, sur les progrès de l'art une puissante influence. En 1806, M. Thomire père obtenait la médaille d'or, et depuis cette époque il n'a pas cessé, par des œuvres nouvelles et distinguées, d'obtenir le rappel de cette récompense du premier ordre ; il est glorieux sans contredit, de rester ainsi vingt-huit années au premier rang d'une magnifique industrie.

Chez MM. Thomire père et fils, le bronze se plie à mille perfections, il devient entre leurs mains une richesse éblouissante et pompeuse, une merveille de dessin savant et artistique. Parmi les nombreux objets exposés par ces habiles artistes (nous pouvons sans crainte donner ce nom à MM. Thomire), nous avons particulièrement remarqué un lustre dont se détachent des dragons ailés opposant leur dard aigu et leur croupe tortueuse à la grace douce et flexible de petites et délicieuses figures qui semblent les regarder en souriant.

Une pendule rocaille d'un beau style, d'une grandeur peu ordinaire qui représente une roche placée parmi des roseaux, et sur laquelle s'appuient deux belles figures : une naïade et un fleuve.

Un candélabre à trois branches principales, formant trois jets de lumière, d'une hauteur de huit pieds, et qui a pour base un groupe de trois cerfs posés d'une façon pleine de naturel ; cet animal pittoresque donne au dessin, une physionomie originale et toute nouvelle.

Une coupe d'un style étudié, au pied de laquelle reposent les quatre élémens représentés par des allégories de caractère, une salamandre joue avec le feu ; un enfant sur un dauphin semble sortir de l'eau que répand un vase ; une panthère représente la terre. Cette œuvre, ressort de la sculpture, et comme plusieurs autres exposées par MM. Thomire père et fils, elle est plutôt du domaine de l'art que de celui de l'industrie.

Comme fabrication, la maison Thomire a conservé sa glorieuse supériorité. Le mélange des ors dont MM. Thomire père et fils font un grand usage est une difficulté vaincue des plus heureuses ; on remarque l'or pur d'un ton vif et bruni, l'or pâle qu'en bijouterie on nomme or blanc, et enfin l'or blanc mat à reflets d'argent.

VILLEMSENS, à Paris, 57, rue Sainte-Avoie. — Médaille de bronze en 1834. — Bronzes, horlogerie, vases et ornemens d'église. — M. Villemsens exposait, en 1834, le casque, le bouclier et la poignée d'épée de François Ier qui sont à la bibliothèque royale ; reproduits en bronze pur, ces imitations, parfaitement exécutées, attirèrent les regards des connaisseurs et méritèrent à M. Villemsens, une médaille de bronze. M. Villemsens a exposé, cette année, une aiguière représentant le triomphe de Neptune, pièce d'un travail achevé ; un ostensoir très-riche, avec groupe d'anges, d'une disposition aussi neuve que magnifique ; une châsse ou reliquaire gothique très-pure de style ; une croix et des chandeliers gothiques de grande dimension et parfaitement convenables pour l'autel d'une grande cathédrale ; d'autres chandeliers plus riches et certainement plus purs de dessin qu'aucuns de ceux qui se sont faits jusqu'ici, ces chandeliers nous paraissent destinés à quelques-uns de nos nouveaux temples ; une grande et belle lampe d'une dimension colossale et d'un effet imposant ; plusieurs pendules et bronzes remarquables par l'élégance et le fini du travail.

M. Villemsens nous paraît avoir fait faire un pas immense à la fabrication des bronzes, et surtout à celle des ornemens d'église, jusqu'à ce jour si inférieure aux bronzes proprement dits.

LEDURE, à Paris, 25, rue d'Angoulême, au Marais. — Médaille d'argent en 1819, rappel en 1823, 1827 et 1834. — Bronzes ciselés. — M. Ledure avait exposé, en 1834, plusieurs candelabres d'un assez bon style; deux pendules ornées dans le caractère de la renaissance, et le lustre le plus élégant de l'exposition. Deux pièces seulement forment, cette année, toute l'exposition de M. Ledure ; mais rien ne peut être comparé à la beauté, à la richesse de ces deux pièces qui ont été acquises par sa Majesté Louis-Philippe Ier. Ciselure, dorure, motifs, figures, tout en est fini, parfait, riche : quand des ateliers se recommandent par des œuvres de cet ordre, on se félicite de pouvoir dire que ces ateliers appartiennent à la France.

PAILLARD (VICTOR), à Paris, rue de la Perle, au Marais. — M. Victor Paillard a exposé une pendule représentant la *Poésie* publiant les noms des hommes les plus célèbres du XVIe siècle, style renaissance ;

Un grand candelabre; base triangulaire à chimères ;

Un lustre à quinze bougies.

Comme nous donnons le dessin de ces trois objets qui ont valu à M. Victor Paillard une médaille d'argent, nous nous trouvons tout naturellement dispensés d'en faire l'éloge.

M. Victor Paillard est un jeune et intelligent artiste ; il a voulu, tout en travaillant pour le commerce, ne point négliger l'art, et il nous paraît avoir complètement réussi. Tous les objets qui sortent de ses ateliers, bien que livrés à la consommation à des prix très-modérés, se font tous remarquer, non-seulement par leur bonne exécution, mais encore par la grace, l'élégance et la nouveauté de leurs formes : pendules, candelabres, coupes et flambeaux,

lampes, lustres, bras, tous ces objets sont confectionnés dans les ateliers de M. Victor
Paillard, sur des modèles dus aux talens d'artistes distingués.

VITEAU (FERDINAND), à Paris, 5, rue Pastourelle, au Marais ; magasins, 16, rue Vivienne.
— Médaille d'argent en 1834. — Pendules, lustres et candelabres, style renaissance.

RAVRIO, à Paris, rue des Filles Saint-Thomas. — Médaille de bronze en 1806 , médaille
d'argent en 1819 et 1827. — Bronzes de toutes espèces.

SUSSE FRÈRES, à Paris, 7 et 8, place de la Bourse. — Bronzes et porcelaines, papeterie
française et anglaise, fournitures de bureaux, maroquinerie, livres de messe, de mariage,
gravures, tableaux, statuettes en plâtre et en bronze. — La maison de commerce dirigée
par les frères Susse, et fondée par M. Susse père, est depuis long-temps déjà très-
honorablement connue ; située au centre d'un quartier riche et populeux , les élégans magasins des frères Susse sont fréquentés par tous ceux qui peuvent se permettre
l'acquisition de ces mille superfluités , si gracieuses d'aspect, que l'on aime à voir figurer
sur les tablettes d'une étagère. Le commerce de MM. Susse frères est très-étendu , et un
grand nombre de personnes sont occupées à confectionner pour eux ces jolis papiers enrichis d'arabesques dorées et brillantes de mille-couleurs ; ces élégans buvards ; ces albums
qui bientôt seront remplis de spirituelles pochades, de délicieuses esquisses dues aux crayons
d'artistes distingués ; ces pains à cacheter dorés, argentés, nuancés des plus riches couleurs,
complément indispensable d'une lettre écrite par une main fashionable ; ces cachets aux
mille devises. Des artistes distingués peignent pour eux , sur des porcelaines aux formes
sveltes et élégantes , de délicieux paysages, des animaux, des fleurs et des fruits ; tout
cela rehaussé par une éclatante dorure, par des ornemens d'un goût exquis et toujours
nouveau, aussi l'on aurait été étonné si l'on n'avait pas vu figurer à l'exposition les produits
les plus distingués de leur industrie.

Outre les articles ordinaires de leur commerce, MM. Susse frères ont exposé des bronzes
d'art remarquables ; des statuettes, et notamment une pendule d'un style pur , sévère et
cependant élégant.

CHAUMONT et MARQUIS, à Paris, 23, rue Chapon. — Nous avons remarqué avec
intérêt trois lustres en bronze doré sortant des ateliers de MM. Chaumont et Marquis ;
ces lustres, dont l'un dans le style de la renaissance , et les deux autres, style Louis XV,
nous ont paru réunir une élégance parfaite à la parfaite observation du style de ces deux
époques.

Ces fabricans ont également exposé des feux et galeries de cheminées dans le style de la renaissance, qui, par le goût parfait qui a présidé à leur exécution ne pourront, selon nous, qu'accroître la bonne réputation que cette maison s'est depuis long-temps acquise par ses travaux, et qu'elle semble avoir pris à tâche de perfectionner encore depuis la dernière exposition.

COURCELLE, à Paris, 44, rue Beaubourg. — Il a exposé un lustre d'un bel effet. — Fabrication de lustres, lampes antiques, bras de cheminée, candelabres, etc., etc.

VALET CORNIER, à Paris, 3, rue de la Chaussée des Minimes. — Mention honorable en 1827, Médaille de bronze en 1834. — Ce fabricant a exposé une assez grande quantité de bronzes destinés à l'ornement des appartemens; il parait adopter pour spécialité de sa fabrication les garnitures de cheminées, nous en avons remarqué deux parmi celles qu'il a exposé qui se font remarquer par le bon goût et la richesse de leurs ornemens.

BRAUX D'ANGLURE (de), à Paris, rue Castiglione, au coin de celle Monthabor. — Médaille de bronze en 1834. — Objets d'art en bronze. — M. de Braux d'Anglure exposait, en 1834, des cires à cacheter remarquables par la netteté du moulage, la régularité des formes et la pureté des nuances ; M. de Braux d'Anglure a adopté depuis environ deux ans le commerce des bronzes d'art, et ses magasins ont acquis déjà une grande renommée ; des efforts intelligens ont été faits par M. de Braux d'Anglure pour populariser le goût des bronzes d'art, et grace à lui la figurine de bronze s'est décidément placée avec l'importance qui lui convient parmi les richesses de l'ameublement ; il a exposé un *amour boudeur ; Jeanne d'Arc terrassant un ennemi* et *Charles Martel,* groupes; *un cerf attaqué par un loup,* groupe de Fratin ; *le supplice de Prométhée,* d'après Benvenuto Cellini, *la Prière,* figure pleine de ferveur et de confiance ; de petits animaux isolés, d'après Barye, d'une vérité saisissante ; nous aimons à croire que les efforts constans de M. de Braux d'Anglure seront couronnés de succès, car les charmantes statuettes de Dantan, les animaux de Barye, nous semblent des ornemens plus appropriés à nos goûts et à nos mœurs que le pastiche de fioritures ciselées qu'on renouvelle du XV siècle.

VALIN (MICHEL) et UBAUDY, à Paris, 12, rue des Marais du Temple. — Articles de bronze. — MM. Michel Valin et Ubaudy ont exposé ; un large *surtout rocaillé* qu'entourent des enfans jouant sur des chevaux marins, au centre du surtout s'élève une coupe candelabre d'un assez bon effet; du milieu des branches de lumières s'échappe une gerbe de fleurs dont les fraîches couleurs se marient merveilleusement avec le cadre doré que lui présentent les girandoles ; une pendule renaissance, où le Temps et l'Histoire comptent et écrivent nos heures, bien composée dans toutes ses parties et d'une exécution très-remarquable. MM. Michel Valin et Ubaudy ont encore exposé de nombreuses porcelaines qui, par leurs formes et leurs destinations variées, peuvent convenir à tous les goûts et presqu'à toutes les fortunes.

CORNUDET, à Paris, 6, rue de Lancry. — Nous donnons le dessin de deux vases d'art et de fantaisie exécutés par M. Cornudet, sculpteur distingué ; ces vases n'étant pas entièrement terminés lors de l'ouverture des salles, n'ont pas fait partie de l'exposition, bien qu'ils eussent été admis sous le n° 1386.

Il est fâcheux, que par suite de circonstances indépendantes de sa volonté, M. Cornudet n'ait pas été admis à concourir, il aurait sans doute obtenu une des récompenses du premier ordre ; mais il est homme à prendre plus tard une éclatante revanche, aussi, nous l'attendons en 1844.

JOURNEUX Jeune, à Paris, 18, rue de la Roquette. — Fonderie. Pieds de billards en bronze, ouvrages de ciselure. — On a remarqué à l'exposition les pieds de billards sortis des ateliers de M. Journeux jeune, et dont nous donnons le dessin. La maison de M. Journeux, depuis long-temps très-honorablement connue, est une des plus considérables ; elle réunit fonderie, monture, ciselure et dorure ; elle s'occupe principalement de la fabrication de la garniture de billard, telles que blouses, griffes, vis ; garnitures de pianos, candelabres, flambeaux et coupes, anneaux de thyrses ; roulettes et sabots pour meubles, etc., etc. Tous les modèles de M. Journeux se font remarquer par l'élégance et la nouveauté de leurs formes : les nombreuses relations commerciales de cet habile industriel, la modicité de prix et la bonne exécution des objets qui sortent de ses ateliers justifient chaque jour la confiance qu'on lui accorde.

TOY (W. E.), à Paris, 19, rue de la Chaussée d'Antin. — Feuillages et bronze appliqués à la porcelaine, style Louis XV. — Cet ingénieux procédé, dont on a admiré les effets à l'exposition, prête à la porcelaine un prestigieux attrait ; il vient de créer, pour cette branche d'industrie, des voies nouvelles de prospérité.

SERRUROT, à Paris, 89, rue Richelieu. — Bronzes et dorures. — Une pendule sur laquelle est, à demi-inclinée, la Vierge tenant sur son sein l'enfant rédempteur, a été exposée par M. Serrurot. Cette pendule ne peut qu'être bien placée partout, et particulièrement dans la bibliothèque de quelque prince de l'Église ; elle était accompagnée de plusieurs autres pièces qui font honneur au goût du fabricant.

JANSSE, à Paris, 32, rue Bourg-l'Abbé. — Cuivre fondu, doré et argenté, bronzes. Ornemens d'Église. — Tous ces objets proviennent d'une fabrique de bronze, dorure et argenture en tous genres.

Tous les objets exposés par M. Jansse, beau-frère et successeur de Fouquet jeune, se sont faits remarquer par leur élégance et leur bonne confection, surtout les ornemens d'église en cuivre, argentés, dorés et vernis, tels que chandeliers, croix, lampes, bénitiers, soleils, encensoirs, pieds de calices; pieds de ciboires; etc., etc.

M. Jansse fabrique en grand, flambeaux argentés, dorés et vernis; girandoles, flambeaux pour bouillottes, réchauds à cigares, couverts en cuivre argenté, etc., etc.

Tous les modèles de la maison Jansse sont nouveaux et d'un goût exquis.

MARCHAND, à Paris, 59, rue Richelieu. — Bronzes ciselés. — M. Marchand a exposé des lustres, des candelabres d'une grande élégance et dessinés avec goût; quelques statuettes et plusieurs pendules: tous ces objets figuraient, sans trop de désavantage, près des pièces magnifiques de MM. Denière et Thomire.

SAVART, à Paris, 14, rue Neuve Saint-Gilles. — Bronzes d'art, sculptures, bas-reliefs, etc., etc.

GRIGNON, à Paris, 13, rue d'Anjou, au Marais. — Divers objets en bronze dont nous donnons le dessin. Dans un autre chapitre nous aurons occasion de parler plus longuement de M. Grignon.

PONCET et ROYER, à Paris, 2 *bis,* rue des Fossés du Temple. — Cadres, vases en bronze estampé, pendules de formes et dimensions diverses: rien de remarquable.

NICOLLE et FIMBERT, à Paris, 64, rue Amelot. — Bronzes d'ornement, ustensiles, etc., etc.—La maison de MM. Nicolle et Fimbert est connue pour la fabrication de la garniture de billard, d'appartemens, de pianos et de meubles; flambeaux, bougeoirs, etc., etc.

POMPON, à Paris, 105, rue du Temple. — Bronzes pour décoration d'appartemens, boudoirs, cabinets, etc.

RAINGO Frères, à Paris, 11, rue Saintonge. — Bronzes et pendules.

BAROZET Frères, à Paris, [15, rue Saint-Étienne Bonne-Nouvelle. — Pendules en bronze et dorées. — Rien n'a fait remarquer les bronzes exposés par ces deux industriels ; leurs articles, qui nous ont paru destinés à l'exportation, n'ont sans doute été admis à l'exposition qu'en considération du bas prix auquel ils peuvent être vendus.

SECTION IV.

OR, ARGENT ET BRONZE

RÉDUITS EN POUDRE, EN FEUILLES ET EN COQUILLES.

FAVREL, à Paris, 27, rue du Caire. — Médaille d'argent en 1834. — Or, platine, argent et bronze en feuilles, en poudre et en coquille. — M. Favrel employait en 1834, 90 ouvriers dans ses ateliers et 15 au dehors ; depuis lors ses ateliers n'ont pas cessé de prendre de l'extension ; ce fabricant occupe le premier rang dans sa partie, et ses produits sont très-recherchés.

NOEL, à Paris, 51, rue Beaubourg. — Mention honorable en 1834. — Or, argent, et bronze en poudre et en coquille, parfaitement fabriqué. — M. Noël fabrique les encres d'or, d'argent et de bronze ; la fabrique de M. Noël est renommée pour la bonne qualité de ses produits et la modicité de ses prix.

WINGENS et GILLIBERT, à Paris, 14, rue de l'Échiquier. — Bronzes en poudre. — MM. Wingens et Gillibert ont exposé des bronzes en poudre imitant l'or. Depuis long-temps cet article se fabriquait uniquement à Nuremberg et à Furth, en Bavière, par quelques familles qui en possédaient seules le secret, et comme les maîtrises existent encore dans ces villes, il était difficile que le secret en fût découvert. Ce n'est donc qu'après beaucoup de peines, de persévérance et de sacrifices que MM. Wingens et Gillibert sont parvenus à introduire en France cette fabrication, et aujourd'hui leurs produits sont égaux, sinon supérieurs à ceux de l'Allemagne. L'Angleterre, qui consomme en grande quantité cet article, a fait de vains efforts pour connaître le secret de sa fabrication.

Nous féliciterons donc MM. Wingens et Gillibert d'avoir doté la France de cette industrie nouvelle qui peut acquérir une grande importance. C'est ainsi que ces bronzes pourront remplacer l'or fin dans la dorure des monumens publics, des cadres, et sans que celle-ci perde de son éclat et de sa durée, ce qui offrira l'avantage de ne point retirer l'or de la circulation.

Jusqu'à présent les bronzes de MM. Wingens et Gillibert sont employés pour dorer les papiers de tentures et de fantaisie ; les lithographies, la peinture et les enseignes de boutique s'exécutent mieux avec eux qu'avec l'or fin en feuille.

HUSBROCQ Fils, successeur de Jeunhomme, 2, rue des Vertus. — L'ancienne maison Husbrocq est honorablement connue dans le monde commercial par la perfection de ses produits: paillons fins, blancs et de toutes couleurs pour joailliers et metteurs en œuvre, grand assortiment de feuilles fausses de toutes couleurs , poudre à dorer rouge et jaune, articles pour éventails, argent préparé pour les boutonniers , brodeurs et découpeurs ; la maison Husbrocq, la seule de ce genre admise à l'exposition, mérite d'être recommandée d'une manière toute particulière.

SECTION V.

ORFÉVRERIE.

L'orfévrerie , avec la mise en œuvre du bronze, est de tous les arts mécaniques celui qui tient de plus près au goût des beaux-arts ; celui qui peut le moins s'en passer, les moindres produits, comme les pièces les plus grandes , doivent donc réunir la forme la plus commode et la plus élégante ; une telle industrie , bien dirigée, peut exercer en Europe une grande influence au nom du goût français.

Le terme d'orfèvre vient du latin *auri faber,* ouvrier en or ; mais nous devons faire observer que l'orfèvre travaille également le platine et l'argent.

L'orfévrerie est donc l'art de travailler l'or , le platine et l'argent, d'en faire des vases , des ornemens d'église , de la vaisselle de table , etc. , etc. ; elle prend le nom de bijouterie, lorsqu'elle a pour but la fabrication des petits ornemens et des bijoux.

L'origine de l'orfévrerie se perd dans la nuit des temps ; les Saintes Écritures nous apprennent que les Israélites empruntèrent aux Égyptiens une grande quantité de vases et de bijoux, la plupart d'or et d'un travail très-remarquable, que Moïse convertit en objets propres au culte de Dieu.

Homère nous a donné, dans plusieurs passages de l'Illiade et de l'Odyssée, des descriptions de vases et de bijoux, qui prouvent que l'orfévrerie était parvenue, de son temps, dans la Grèce et dans l'Asie Mineure, à un haut degré de perfection ; l'alliage des différens métaux qui, d'après ce poète, composaient le bouclier d'Achille, prouve, que de son temps, les orfèvres savaient, par le mélange des différens métaux qu'ils mettaient en œuvre, obtenir la couleur naturelle des divers objets qu'ils voulaient représenter.

La ciselure et l'orfévrerie furent également en honneur à Rome et dans l'empire d'Orient ; mais lors de la prise de Constantinople (1), les beaux-arts se réfugièrent dans plusieurs contrées de l'Europe ; c'est à dater de cette époque que l'orfévrerie fit, en France et en Italie, de rapides progrès, qui furent encore facilités par la découverte et la conquête de l'Amérique (2), qui procurèrent aux artistes de nouvelles masses d'or et d'argent.

Sous la première race de nos rois, c'est-à-dire jusqu'en l'an 752, les Parisiens, encore barbares, étaient cependant passionnés pour le luxe des bijoux et des armes en métal précieux ; mais ils ne prenaient aucune part à la fabrication de ces objets qui leur étaient apportés par des Juifs et des Syriens.

Le seul orfèvre, dont notre histoire fasse mention à cette époque, est Saint-Éloi, né à Cadillac, à deux lieues de Limoges, vers l'an 588 ; il manifesta de bonne heure son goût pour les beaux-arts, aux progrès desquels il contribua beaucoup. Plus tard, étant entré chez Bobbon, trésorier du roi Clotaire II, ce souverain le nomma son monétaire, et Dagobert, son successeur, le fit son trésorier ; ces deux souverains lui fournirent les moyens de développer ses talens, en lui confiant l'exécution de riches et importans ouvrages, entre autres celle des bas-reliefs qui ornaient le tombeau de Saint-Germain, et de deux siéges d'or enrichis de pierreries qui passèrent alors pour des chefs-d'œuvre. Plus tard, dégoûté du monde, il alla s'ensevelir dans un monastère d'où il fut tiré en 640 pour occuper le siége de Noyon. C'est à cette époque qu'il exécuta un grand nombre de châsses destinées à renfermer les reliques des saints. Plusieurs de ces ouvrages subsistaient encore avant notre première révolution. Saint-Éloi mourut le 1er décembre 659.

Sous la deuxième race, les arts, encouragés par Charlemagne, brillèrent de quelqu'éclat ; mais bientôt ils retombèrent dans la barbarie où ils restèrent long-temps plongés ; plus tard, l'état de la France, ruinée par des guerres lointaines, déchirée par des guerres intestines, ne permit pas aux talens de différens genres, de prendre leur essor, et ce n'est que sous François Ier, c'est-à-dire vers le milieu du XVIe siècle, que les beaux-arts, noblement encouragés (3), commencèrent cette période de gloire qu'ils poursuivent encore aujourd'hui.

Cependant l'orfévrerie, quoique favorisée par les progrès du luxe, ne produisit en France

(1) 1453.
(2) 1492 et années suivantes.
(3) François Ier fit venir en France l'artiste qui a porté au plus haut degré de perfection l'art de l'orfévrerie, Benvenuto Cellini, né à Florence en 1500. On rapporte qu'un amateur anglais, voyageant en Italie en 1774, donna 800 liv. sterl., d'une tasse d'argent, ciselée par cet artiste. François Ier parvint à attirer Benvenuto Cellini à Fontainebleau, mais il eut la faiblesse d'accorder son renvoi à la duchesse d'Étampes, qui lui avait voué une haine profonde, au moment où son ciseau allait doter la France de plusieurs chefs-d'œuvre. Les ouvrages de Benvenuto Cellini sont encore aujourd'hui l'objet de l'admiration des amateurs et le modèle des artistes.

du moins, aucun artiste célèbre ; ce n'est que du siècle de Louis XIV que date notre supériorité sur les autres peuples. Alors florissait Claude Ballin, orfèvre du roi, fils d'un riche orfèvre, né en 1615, formé à l'école du Poussin ; il exécuta pour Louis XIV des tables d'argent, des vases, des bas-reliefs et beaucoup d'autres meubles que la détresse du trésor public, à l'époque de la guerre de la succession, obligea de porter à la Monnaie ; il ne reste de ces chefs-d'œuvre que les dessins qu'en a faits un orfèvre distingué de l'époque nommé Delaunay. Les ouvrages faits pour les églises par Claude Ballin ont éprouvé le même sort lors de notre première révolution. Cet artiste distingué mourut à Paris le 22 janvier 1678.

Le successeur de Claude Ballin dans la charge d'orfèvre du roi, fut Pierre Germain, né à Paris en 1647 ; à vingt ans il avait atteint la maturité de son talent. Chargé de différens ouvrages par Louis XIV, il s'en acquitta en maître ; alors tous les princes et grands seigneurs de son époque voulurent avoir de ses ouvrages : désirant les satisfaire, il succomba sous le poids du travail, et mourut à la fleur de l'âge en 1682.

Thomas Germain, fils du précédent, naquit à Paris en 1673 ; il était à la fois architecte, sculpteur et orfèvre. Après un voyage en Italie, où il se forma à l'école des grands maîtres, et exécuta des travaux pour le grand-duc de Toscane, il revint à Paris en 1704 ; alors il exécuta un des trophées qui ornent encore les piliers du chœur de Notre-Dame. Non-seulement la cour de France le chargea de l'exécution d'un grand nombre d'ouvrages, mais les cours étrangères s'empressèrent aussi de mettre son talent à contribution ; la ville de Paris le choisit, en 1738, pour un de ses échevins. Il mourut à Paris en 1748. Ses ouvrages se recommandent surtout par la correction du dessin, la finesse de l'exécution et le goût de la composition.

Nous passerons sous silence les époques des règnes de Louis XV, Louis XVI et de notre première révolution, durant lesquelles, l'art, s'il ne décrut pas, resta du moins stationnaire, pour arriver à l'empire et à la restauration. L'orfévrerie de l'ancien régime, fondue par la peur ou portée à l'étranger par l'émigration, avait disparu comme les bronzes dorés dès les premiers temps de la guerre et de la terreur : c'était donc pour ces deux arts une renaissance que l'époque inaugurée par le 18 brumaire. Parmi les artistes qui illustrèrent l'empire, cette brillante période de notre histoire, dont les produits sont vraiment dignes d'être admirés, nous devons citer M. Odiot père. Les chefs-d'œuvre que cet artiste exécuta pour l'empereur Napoléon, reproduisirent avec un rare bonheur d'appropriation les formes les plus pures des vases antiques ; ils ne sont pas moins remarquables par le savant ajustage des pièces ; cet art consciencieux, d'autant plus parfait qu'il dérobe mieux aux regards ses raccordemens et ses jointures, permet de réunir à l'élégance une solidité précieuse, même aux yeux de la richesse, quand elle s'applique à d'admirables produits dont elle assure la durée.

L'artiste que nous signalons a réalisé l'heureuse pensée d'exécuter en bronze et de grandeur naturelle les modèles de ses œuvres les plus remarquables : il a fait présent de cette collection au musée de la Chambre des Pairs. Si Benvenuto Cellini avait possédé la même prévoyance, et s'il avait eu la même générosité pour Rome ou pour Florence, sa

patrie, les musées des Médicis auraient conservé des œuvres à jamais regrettables, et dont il ne reste aujourd'hui que de pâles descriptions.

Fauconnier, mort tout récemment, était orfèvre, comme on l'était au XVIe siècle. On cite parmi ses ouvrages, le vase magnifique donné par la France à la Turquie, le vase destiné à Lafayette qui figurait avec honneur à l'exposition de 1834, et la plupart des coupes exécutées par lui pour les courses de chevaux. Fauconnier, artiste habile et distingué, manquait de cette aptitude industrielle qui conduit à la fortune; il mourut pauvre, après avoir fait époque, après avoir créé des chefs-d'œuvre.

Comme on vient de le voir par ce qui précède, ce n'est qu'à partir du siècle de Louis XIV, si justement nommé le grand siècle, que la France peut citer parmi ses orfèvres les noms d'artistes distingués; cependant, la profession d'orfèvre fut toujours, chez nous, regardée comme une des plus importantes et des plus recommandables; aussi l'établissement de cette profession en corps policé, ou état juré, dans Paris, est si ancien que les titres primordiaux de concession, de privilége, n'existent plus; les plus anciens que nous possédions ne datent que de 1260, sous le règne de Louis IX. Ce fut le fameux Étienne Boyleaux, prévôt de Paris, qui les rédigea d'après d'anciennes coutumes non écrites, en vertu desquelles, sous le nom d'orfèvres-joailliers, les orfèvres avaient le monopole de la fabrication et de la vente des ouvrages en or et argent, diamans, perles et toutes sortes de pierres fines; mais ils parlent de cette concession comme déjà faite long-temps auparavant. A cette époque le corps des orfèvres jouissait d'une prérogative très-distinguée, celle de posséder le droit d'avoir un sceau particulier dans la maison commune du corps, pour constater le résultat de ses assemblées et les actes de son administration.

Les orfèvres composaient, à Paris, le sixième corps des marchands, et toujours ils ont joui de la plus haute considération; ils n'étaient jamais oubliés lorsqu'il s'agissait de porter le dais sur la famille royale, dans les grandes cérémonies, et de leur société sont sortis plusieurs prévôts de Paris, entre autres le fameux Marcel.

Le nombre des orfèvres de Paris était limité à trois cents; lorsqu'une place venait à vaquer, elle ne pouvait être remplie que par un fils de maître, qui devait justifier d'un apprentissage de huit années, qu'on ne pouvait commencer avant neuf ans, ni après seize, et d'un compagnonage de trois années; il devait, en outre, avoir vingt ans accomplis, savoir lire et écrire, subir un examen sur les différentes parties de l'art et de la fabrication, et enfin présenter un chef-d'œuvre. Le 1er juillet de chaque année, on procédait à l'élection de trois maîtres-garde, dont l'exercice durait deux années; ces maîtres-garde élisaient entre eux un doyen qui, durant l'année de son décanat, jouissait des prérogatives attachées à ce titre honoraire.

La corporation des orfèvres avait des statuts où tout était prévu avec un ordre et une sagesse admirables; comme tant de choses belles et utiles, ces institutions ont passé, remplacées par la loi du 19 brumaire an VI: il n'en reste plus aujourd'hui que le souvenir.

L'ancienne corporation des orfèvres avait seule, comme nous l'avons vu plus haut, le privilége de fabriquer, vendre et acheter toutes sortes de vaisselle, ouvrages divers et bijoux d'or et d'argent, diamans montés ou non montés, perles fines, et enfin tous les ouvrages de joaillerie en pierres fines ou fausses. Mais comme il aurait été impossible à un même individu de faire marcher de front ces divers genres d'exploitation, chacun d'eux s'attachait à l'une des parties connues alors sous les dénominations suivantes :

L'orfèvre était celui qui fabriquait la vaisselle, les couverts, les ouvrages qui font partie des meubles d'ornemens ; les chasses et ornemens d'église, les tabatières, les boucles, etc.

L'orfèvre-bijoutier fabriquait tous les bijoux simples ou enrichis de pierres fines.

L'orfèvre-joaillier mettait en œuvre les diamans, les pierres précieuses et surtout les perles fines.

Mais aujourd'hui que la corporation n'existe plus, il n'y a plus entre ces trois classes que quelques traits généraux de ressemblance ; nous voyons même quelques industriels réunir les trois genres d'exploitation, un plus grand nombre, les deux derniers; ceux d'entre eux qui se bornent à une seule partie, sont connus sous les noms d'orfèvres, bijoutiers et joailliers.

Aujourd'hui, le travail de l'or et de l'argent est fort avancé en France; nulle autre part, l'orfévrerie n'est parvenue à donner à ses produits tant de beauté et d'élégance dans les formes, une aussi grande richesse de dessin et un travail si parfait dans les détails. La plus belle orfévrerie étrangère est, sans contredit, celle de l'Angleterre, mais elle n'est pas comparable à celle de France ; le travail y est d'un grand prix, mais le goût en est souvent douteux. Le goût et le travail sont généralement mauvais en Allemagne, aussi ne s'exporte-t-il plus rien de ce pays. L'Espagne et l'Italie ne produisent rien de remarquable.

A l'exposition de 1834, on remarqua des imitations nombreuses du genre anglais ; et quelques critiques, parmi lesquels le rapporteur du jury, y virent une invasion de mauvais goût, la décadence de l'art ; mais le reproche était-il mérité? Lorsqu'une industrie se perfectionne, ses débouchés à l'extérieur s'accroissent, et avec eux la nécessité de fabriquer plus de produits dans les goûts de l'étranger. C'est ce qui est arrivé pour l'orfévrerie. Mais nos fabricans n'ont pas copié servilement les modèles étrangers, et, en reproduisant les types, ils ont su, tout en se conformant à la volonté des consommateurs, introduire les améliorations commandées par le bon goût.

La plus grande amélioration moderne obtenue dans l'orfévrerie est la *nielle*. Nous croyons devoir en parler, car ce genre de travail se rattache à la fois à des souvenirs d'art et à un avenir d'industrie qui le rendent doublement intéressant.

On appelle nielle une pièce d'orfévrerie ornée de dessins qui ressortent en noir sur un fond d'argent ou d'or. Voici comment on obtient ce genre d'ornement : on creuse au burin, sur la pièce d'orfévrerie, les parties qui doivent être colorées en noir, en laissant intactes les parties claires qui sont produites par la planche de métal. Cela fait, on répand sur la planche une poudre composée d'un mélange de soufre, de plomb, d'argent et de cuivre, et en soumettant la planche à la flamme d'une lampe d'émailleur, on fait fondre sur toute sa surface l'alliage flexible et pulvérulent qu'on y a répandu ; puis, avec une lime douce et avec le brunissoir, on découvre la gravure, ou, en d'autres termes, on enlève toute la partie de la composition niellée qui recouvre la planche de métal, et l'on arrive ainsi à ne laisser intactes que les parties de cette composition que la fusion a fait entrer dans les parties creusées au burin.

Il y a beaucoup d'analogie entre ce procédé et l'art de graver sur cuivre. Dans la gravure sur métal en effet, on laisse intactes les parties qui, dans l'épreuve, doivent rester claires, et l'on fouille plus ou moins les tailles en raison de l'intensité de couleur qu'elles doivent avoir. Pour tirer épreuve sur le papier, on étale l'encre à imprimer sur toute la planche, puis on l'essuie soigneusement, de manière à n'en laisser que dans les tailles ; alors, et au moyen d'une forte pression, on fait passer le papier humide sur la planche ; cette humidité et les étoffes moelleuses en laine qui sont derrière le papier lui donnent assez d'élasticité, sous la pression à laquelle il est soumis, pour qu'il entre dans les tailles de la gravure et y enlève le noir qui y est resté. C'est à l'orfévrerie niellée qu'on doit la gravure sur métal. Une femme ayant posé sur l'établi de Maso Finiguerra, célèbre artiste et orfèvre florentin du quinzième siècle, un paquet de linge mouillé, sans faire attention qu'il s'y trouvait une planche prête à être niellée, ce paquet resta quelque temps sur la planche, et, quand on l'enleva, on s'aperçut que le dessin était fidèlement reproduit sur le linge humide. De là, à répéter le même essai avec du papier humide, il n'y avait qu'un pas, et bientôt Maso Finiguerra fut en possession de l'art de tirer sur papier des épreuves d'une gravure sur métal.

Nos principaux fabricans sont : MM. Odiot, Wagner et Mansion, Lebrun et Durand, à Paris ; Kirstein à Strasbourg, et Chanuel à Marseille.

L'exportation des objets d'orfévrerie de fabrique française pourrait être beaucoup plus considérable, ainsi qu'on en peut facilement juger par le tableau suivant des exportations de l'orfévrerie.

Orfévrerie d'or et de vermeil.	123,167
— d'argent.	674,760
Bijouterie d'or ornée en pierres et perles fines.	453,943
Autre bijouterie d'or.	1,225,484
Bijouterie d'argent ornée en pierres et perles fines.	2,801
Autre bijouterie d'argent.	699,923
Total.	3,180,078

SECTION VI.

ODIOT, à Paris, 1, rue Lévêque Saint-Roch.—Médaille d'or en l'an IX, rappel en 1806. 1819, 1827 et 1834.—Orfévrerie pour service de table et ornement.—M. Odiot père est un des orfèvres les plus justement célèbres de la France. Il y a plus d'un siècle que ce nom est en possession de l'estime publique, et des récompenses honorifiques, accordées sans interruption, témoignent hautement en faveur du talent qui les a méritées.

M. Odiot fils n'a point exposé cette année, ou plutôt, il a retiré ses produits quelques jours après l'ouverture de l'exposition, parce qu'on avait exigé qu'il les transportât à une place autre que celle qu'on lui avait accordée primitivement. Aucun objet exposé par M. Odiot n'avait été fait spécialement en vue de la circonstance. C'étaient tout simplement quelques-unes des pièces de sa fabrication habituelle ; ainsi, nous nous rappelons un service de table, commandé par M. de Rotschild, qui partage, avec les artistes distingués, une fortune honorablement acquise. Les modèles de ces diverses pièces méritaient une approbation presque exclusive. On ne s'en étonnera pas lorsqu'on saura que les dessins en ont été fournis par M. Combette, sculpteur habituel de M. Odiot. Une pièce originale, et qui a vivement piqué l'attention, est une serviette pliée sur une assiette pour recevoir des marrons. Ce travail nous a paru remarquable tout à la fois par sa forme pleine de goût et de pureté, et par sa ciselure dont la perfection est achevée. Rien n'était plus amusant que l'indécision des visiteurs qui examinaient cette pièce, et qui se demandaient de bonne foi, les uns aux autres, s'ils voyaient réellement du linge plié ou une pièce d'argenterie.

MARREL, à Paris, 6, passage Saulnier. — Orfévrerie, bijouterie de fantaisie. — M. Marrel a exposé des vases d'une prodigieuse beauté et ciselés avec un goût exquis et le tact le plus pur ; il n'a voulu les parer que des ornemens qu'ils pouvaient supporter ; il s'est rappelé les préceptes de la nature, ce maître des artistes, il leur a conservé la légèreté et ce caractère simple dont la délicatesse n'exclut pas une certaine auréole radieuse, et ne redoute pas trop une riche élégance. Ce que M. Marrel paraît surtout avoir recherché , c'est l'éclat des modèles de la renaissance , lorsque l'art du XVIe siècle s'inspira à toutes les sources du beau, lorsque les souvenirs de tous les âges, de toutes les écoles, et de tous les styles furent agencés et combinés avec une sûreté de goût que l'art gothique, trop préoccupé de la profusion mauresque, n'avait pas connue. M. Marrel est tout florentin ; il manie la ronde bosse avec talent, il se plaît aux figurines, il les emprunte aux idées chevaleresques, aux mœurs galantes de la noblesse italienne, ou bien à la suavité des toiles et des nefs catholiques, ou bien encore à la volupté du paganisme et à son idéalité sensuelle. Ces élémens une fois réunis, il les groupe avec cette patience et ce bonheur qui distinguent les grands artistes ; chez lui, la multiplicité et l'exiguité même des détails n'ôtent rien à ce que l'ensemble doit avoir de complet, et quelquefois de large et d'osé ; il excelle dans l'application des émaux sur le vermeil, et nous n'hésitons pas à dire que nous ne croyons pas qu'il y ait dans tout l'art européen, quelque chose de plus excellent que le travail de ce jeune orfèvre qui, de simple ouvrier, s'est placé sans coup férir, au rang des artistes d'élite. Il y a deux ans, lorsqu'à Fontainebleau nous avons été admis à examiner le trousseau de Mme la duchesse d'Orléans, nous avons exprimé notre admiration pour plusieurs pièces d'orfévrerie de vermeil avec des applications d'émail fournies par M. Fossin ; ces objets avaient été exécutés par M. Marrel. Dans l'atelier de cet artiste nous avons vu des pièces qui doivent assurer pour l'avenir à l'orfévrerie française, une incontestable supériorité.

MANSION et WAGNER , 14 , rue des Jeûneurs. — Médaille d'or en 1834. — Orfévrerie niellée. — En examinant avec attention les produits de ces artistes , embellis de gracieux dessins empruntés aux maîtres allemands , nous avons découvert autre chose qu'une recherche d'opulence , autre chose qu'une dextérité manuelle ; là , se trouve une ressource offerte à l'artiste , une route nouvelle ouverte à l'industrie , c'est l'art de *nieller* , dont nous avons plus haut parlé avec détails , qui , passé d'Orient en Italie, y brilla d'un vif éclat au XVᵉ siècle ; depuis ce temps, les Russes seuls l'ont cultivé , mais à leur manière et par d'informes ébauches, qu'on regardait en Europe comme de simples objets de curiosité. MM. Mansion et Wagner jugèrent, avec raison, qu'il fallait , pour assurer le succès de cette heureuse restitution, la faire descendre au niveau d'un grand nombre de fortunes. Ils ont eu recours aux procédés de gravure à la mécanique ; par ce moyen facile , économique et rapide , ils ont indéfiniment répété la copie des dessins donnés par l'artiste. Les objets exposés par MM. Mansion et Wagner, que nous avons examinés, sont dus , pour la plupart, à ce moyen peu coûteux ; ces objets obtiendront certainement un grand succès par leur bon goût et leur fini surprenant ; il est aisé de concevoir quelles immenses ressources d'effets les orfèvres trouveront dans ces parties noires et brillantes , larges ou déliées, qui se marient si heureusement à la dorure repoussée ou ciselée. MM. Mansion et Wagner sont des artistes distingués , et ils ont fait faire à la profession qu'ils exercent de notables progrès.

MM. Mansion et Wagner ont exposé cette année quatre pièces véritablement remarquables , un magnifique missel exécuté pour M. le duc d'Orléans ; cette pièce résume en elle toutes les difficultés de l'orfévrerie ; on a employé, pour l'embellir, les plus riches émaux, la ciselure, l'émail, les pierreries et les peintures sur émail ;

Une toilette (Psyché) en platine allié , ornée de magnifiques émaux qui accompagnent parfaitement bien la pierre antique, principal ornement de ce meuble ;

Une aiguière destinée au vin et couverte de figures et d'ornemens du plus haut mérite ; c'est un poème entier, poème de l'ivresse, débauche complète avec ses principaux épisodes échevelés , que la vérité domine et que l'austère tempérance, ange reployé sur lui-même, vient interrompre de son modeste regard : l'orfévrerie n'a rien de plus beau que cette pièce, qui était véritablement le morceau capital de l'exposition ;

Un vase Byzantin , remarquable par la beauté des détails et la richesse des *nielles.*

DURAND , à Paris , 58 , rue du Bac. — Médaille d'argent en 1834. — Ouvrages d'orfévrerie. — Ce n'est pas comme choses que l'on peut obtenir à bon marché, mais comme œuvres parfaites dans tous leurs détails , que nous citerons les diverses pièces exposées par M. Durand. M. Durand est élève de M. Odiot père, et il marche d'un pas assuré sur les traces de son habile maître ; ses ouvrages annoncent un orfèvre fait pour comprendre les beaux arts et capable de traduire avec une rare habileté les pensées du sculpteur ; son service de table pour douze ou quinze personnes, et surtout le thé complet qu'il a exposé, attiraient les regards des connaisseurs par leurs formes suaves et pures, et le fini de leur exécution ; rien n'est plus joli que ces vases couverts d'ornemens arabes brunis qui se détachent sur un fond mat tiqueté ; or, c'est particulièrement l'exécution de ces rinceaux brunis et de ce fond mat qui a été conduite avec une égalité et une précision dignes d'éloges ; les autres parties ne sont pas inférieures, et les figures, les pieds, les anses, sont ciselés avec une rare perfection ; mais c'est surtout pour la boîte à thé que M. Durand semble avoir voulu réserver toutes les ressources de son talent : cette boîte à thé est un véritable chef-d'œuvre de ciselure. Au reste, le dessin que nous donnons à nos lecteurs fera mieux connaître, que tous les discours possibles, l'éminent talent qui a présidé à l'exécution des objets exposés par M. Durand.

LEBRUN, à Paris, 40, quai des Orfèvres. — Orfévrerie pour le service de table. — M. Lebrun est aussi un digne élève d'Odiot père ; il a exposé en 1827 une fontaine à thé *remarquablement* achevée. Une autre, exposée en 1834, n'était pas moins belle d'exécution, mais l'influence de la mode anglaise s'y faisait peut-être un peu trop sentir. Cette année, sa collection de service de table laisse, il est vrai, quelque chose à désirer, sous le point de vue de l'art et de l'invention ; mais elle est irréprochable comme exécution ; en un mot, ses ouvrages sont d'une perfection qu'on ne se lasse pas d'admirer.

FROMENT-MEURICE, 2, rue Lobau. — Orfévrerie, joaillerie. — M. Froment-Meurice est un jeune orfèvre plein de talent et d'avenir, et bien qu'il ait exposé cette année pour la première fois, il s'est, du premier pas, placé parmi les maîtres de l'art. Il a exposé un service à thé d'une heureuse composition ; la pièce principale rappelle le narguillé des Orientaux, l'anse est bien prise et se relève avec une grace infinie, les ornemens en relief sont délicats et d'un fini précieux ; mais, ce qui est plus remarquable encore que les pièces très-remarquables exposées par M. Froment-Meurice, c'est une précieuse conquête pour l'humanité. On sait jusqu'à quel point la dorure par le mercure est nuisible aux malheureux ouvriers doreurs, que les émanations délétères déciment sans relâche ; eh bien, M. Froment-Meurice a trouvé le moyen de remédier à ce cruel inconvénient de la dorure par le mercure. Il a exposé une pièce dorée par immersion selon la méthode allemande, et cette pièce, remarquablement belle, prouve d'une manière irréfragable que maintenant le procédé employé par M. Froment-Meurice peut avantageusement remplacer l'ancien système sous le double rapport de l'humanité et de l'économie.

M. Froment-Meurice a aussi exposé des parures en camées, des bagues, etc., etc.

LENGLET, 32, rue Bourg-l'Abbé. — Orfévrerie de table. — M. Lenglet a exposé une corbeille de table avec un groupe de quatre danseuses. Ces figures sont remarquables par la grace et l'harmonie de leur pose. M. Lenglet nous paraît un de nos plus habiles et consciencieux orfèvres.

BERTRAND-PARAUD, 18, rue des Arcis. — Orfévrerie d'église d'un beau travail.

SECTION VII.

PLAQUÉ.

L'art de plaquer l'or et l'argent sur différens métaux, tels que le cuivre, le fer, etc., n'est pas d'une invention récente. Les anciens ont connu ce procédé. Il paraît avoir été pratiqué chez les Romains, et peut-être même par les Grecs. Ainsi, M. de Fougeroux de Bondaroy, membre de l'Académie des Sciences, avait déjà fait connaître, en 1770, la découverte d'ustensiles antiques de cuivre *doublé d'argent*, trouvés à Herculanum et dans les environs de Lyon. Ainsi encore, en 1788, un rapport fut fait à l'Académie des Sciences par deux membres de l'Académie des Inscriptions et Belles-Lettres, MM. l'abbé Leblond et Mongez, sur un plateau également en cuivre doublé d'argent, qui venait d'être découvert dans des fouilles près de l'ancien château de Chantelles en Bourbonnais. Voici en quels termes ce rapport décrit la partie matérielle du plateau :

« Le plateau antique dont nous nous sommes occupés, disent MM. Leblond et Mongez, » n'est point simplement étamé, pratique dont Pline (Liv. XXXIV) attribue l'invention » aux Gaulois ; il n'est pas non plus simplement argenté avec un amalgame d'argent et de » mercure; mais il est de cuivre rouge, étamé et ensuite doublé d'argent. La feuille de » métal riche qui recouvre le cuivre est aussi mince que le clinquant, et cependant elle s'é- » tendait sur toutes les parties du cuivre, soit plates, soit traitées de relief....

» L'adhérence de la même feuille d'argent au cuivre est si forte, qu'elle a résisté en » plusieurs endroits, et aux coups de feu que les paysans qui croyaient le plateau d'argent » massif lui ont donnés dans l'espoir de le fondre, et à l'acidité du vinaigre, dans lequel » son dernier possesseur l'a laissé plongé pendant quelque temps. »

Il est évident, par ces observations, que le plateau dont il s'agit a été vraiment fabriqué avec du plaqué ou doublé d'argent, et que ce plaqué ou doublé d'argent avait été confectionné par un procédé analogue à celui qui est en usage chez les plaqueurs d'aujourd'hui.

Reste la question de savoir à quelle époque les savans antiquaires, auteurs du rapport, faisaient remonter l'origine de la pièce soumise à leur examen. Eh bien ! cette pièce, dont l'usage semble avoir été destiné aux festins, parut aux deux savans d'une antiquité incontestable, tant à cause de la représentation numismatique des divinités païennes qu'on y voit figurer, que par la composition symbolique des attributs qui les accompagnent, mais surtout par l'élégance et le fini du travail, tout de relief, qui la rendent d'une caractéristique perfection.

Aussi, MM. Leblond et Mongez n'ont-ils pas hésité à affirmer l'antiquité de ce monument, sans toutefois l'attribuer plutôt aux Romains qu'aux Grecs, mais en laissant assez voir leur opinion de cette manière :

« Il y aurait de la témérité, disent-ils, à donner à un artiste romain plutôt qu'à un grec » ce monument. Les Romains régnèrent long-temps dans les Gaules. Mais l'on sait que les » Romains employaient, même dans les plus beaux jours de leur gloire, des Grecs pour » l'exercice des arts qui dépendent du dessin, telles que l'architecture, la sculpture, la » peinture, la gravure, la ciselure, etc., etc. »

Ayant vu le plateau qui vient d'être mentionné, nous croyons devoir nous ranger du côté des savans académiciens, contre l'opinion de certaines personnes qui voulaient attribuer l'exécution de ce plateau au siècle où vivait le connétable de Bourbon, seigneur de Chantelles, c'est-à-dire au seizième siècle, ou bien quatorze ou quinze cents ans après la véritable époque de la fabrication de cet objet. Son motif, le voici : c'est que précisément au seizième siècle, le célèbre Benvenuto Cellini, orfèvre et sculpteur florentin, écrivait deux traités didactiques très-curieux et très-détaillés, l'un sur la sculpture, l'autre sur les arts de l'orfèvrerie ; que dans ce dernier ouvrage il traite, non-seulement de l'orfèvrerie et de tout ce qui s'y rattache, tels que le repoussé, la ciselure, la gravure ; mais encore il donne des principes pour la joaillerie, la bijouterie, l'art d'émailler, celui de nieller, la dorure, etc., etc. (1) ; que de plus il y disserte sur la gravure des médailles et sur la fabrication des monnaies ; que comme professeur il mêle à ses préceptes des exemples tirés, bien entendu, de ses propres ouvrages ; mais, qu'en outre, il sème sa leçon d'anecdotes sur ce qu'il a vu et observé dans ses voyages en différens pays ; qu'il n'oublie pas de dire en passant qu'il a vaincu les orfèvres et l'orfèvrerie de Paris, dont la réputation pourtant était établie au loin ; qu'enfin Cellini ne fait aucune mention du procédé de plaquer ou doubler d'argent ou d'or tel ou tel métal. Et certes, l'on peut bien croire que si ce procédé eût été en usage, soit en Italie, soit en France, du temps de l'habile artiste, il n'eût pas omis d'en parler, quand même son opinion eût dû se traduire en un blâme.

(1) Ces arts divers, qui forment aujourd'hui autant de professions distinctes, étaient à cette époque, presque généralement pratiqués par le même artiste, et considérés seulement comme des subdivisions du grand art principal qui les renferme tous : celui de l'orfèvrerie.

Il est plus difficile d'expliquer le silence de Cellini sur la pratique de cet art dans des temps antérieurs. Mais , outre que Cellini ne se vante pas d'avoir une connaissance bien approfondie de ce qui s'est fait avant lui, quoiqu'il professe pour les anciens une admiration qui est plutôt un culte , cependant il parle, sans les spécialiser de différens arts que pratiquaient les Grecs et les Romains, et qui sont tombés en désuétude à l'époque où il écrit. Ainsi, lorsqu'il donne la méthode de faire le nielle, il déplore qu'un art aussi agréable ait été si long-temps abandonné.

Il est donc hors de doute que la pratique du plaqué, comme celle de beaucoup d'arts de luxe, n'ait subi des phases d'abandon et de renaissance qui auront eu lieu probablement à des époques fort éloignées les unes des autres ; car la chaîne qui devrait en lier l'histoire jusqu'à nos jours ne se retrouve pas.

Le plaqué d'argent n'occupe l'attention dans les temps modernes, que chez les Anglais. La grande impulsion donnée par Cromwell à l'industrie après la révolution de 1668 , fait porter les yeux sur chaque genre de spéculation. Les Anglais, naturellement peu inventeurs, mais persévérans et habiles à profiter des découvertes des autres peuples, exploitent le plaqué. La riche orfévrerie, dite de Louis XIV, jouissait à cette époque d'une juste renommée. Les Anglais, manquant de types pour leurs formes, s'emparent des galbes de cette belle orfévrerie, et les applications qu'ils en font au plaqué semblent vouloir nous conserver ce mode d'ornement à rocailles que nous allons reprendre aujourd'hui chez eux ; style, pour le dire en passant, où l'on pourrait désirer plus de bon goût et de légèreté, mais dont l'effet, sans nul doute, est éblouissant.

Il n'y a vraiment que quelques années qu'il existe en France une industrie du plaqué. *L'Encyclopédie des Arts et Métiers* de Diderot et de d'Alembert ne fait mention d'aucune fabrication semblable. Il est certain cependant que l'on a tenté à cet égard, et à différentes reprises, depuis cinquante ans, des essais ; mais ces essais avaient été timides et pour ainsi dire infructueux. Le plus à remarquer de tous eût été certainement l'établissement d'une fabrique de vaisselle que protégea Louis XVI et qu'encouragea l'Académie des Sciences, laquelle fabrique s'installa à Paris, dans l'hôtel Pomponne, rue de la Verrerie, sous la direction de MM. Daumy et Tugot, si les événemens de la révolution n'eussent bientôt fait cesser ses travaux et dispersé les ouvriers. On n'appelait pas encore la matière mise en œuvre plaqué, mais bien *argent haché ;* et l'on employait tantôt du cuivre rouge, tantôt du jaune. On ne plaquait pas encore non plus les deux côtés d'une feuille de métal, l'intérieur seul était plaqué. L'extérieur était argenté par le procédé des argenteurs, et le seul ouvrier qui possédât dans la fabrique l'emploi d'envelopper la plaque de cuivre de la feuille d'argent laminé pour en faire du plaqué, s'enfermait dans un cabinet où il faisait croire à un secret dans cette préparation ; lorsqu'il suffit de la chaleur à un degré connu, en même temps que de la pression du laminoir, pour opérer l'adhérence des deux métaux d'une manière, nous nous ne disons pas indissoluble, mais indivisible.

Ce n'est qu'en l'an VI (1798) qu'on voit reparaître du plaqué, mais seulement en quelques échantillons de couverts, exposés par MM. Patoulet Lebeau et Audry, sous les portiques du Louvre.

Aux expositions de l'Industrie des ans IX et X, il n'y en eut pas.

En 1806, il n'en parut pas davantage.

En 1809, M. Bardel fait un rapport à la Société d'Encouragement pour l'Industrie nationale, où il annonce qu'un fabricant de plaqué, le sieur Jallabert, vient de s'établir à Paris, rue Beaubourg ; que ce fabricant se propose de confectionner des couverts qu'il pourra, dit-il, donner à six francs, en concurrence avec les Anglais. Le rapporteur regrette que cet artiste n'ait pas les moyens pécuniaires suffisans. (xlvi° Bulletin, février 1809.)

Le lviii° Bulletin de la même Société (février 1810) contient l'exposé des travaux du conseil d'administration, et en particulier des membres de ce conseil. Il y est dit que M. Bardel « a encore fait part au conseil de ses recherches sur différens arts qui n'ont pas » atteint le degré de perfection dont ils sont susceptibles, notamment le plaqué d'argent. »

Mais, par suite de ce rapport, la Société d'Encouragement, toujours attentive à stimuler le zèle des artistes, ouvrit un concours, traça un programme des conditions à remplir par le fabricant de plaqué, et proposa un prix de 1,500 fr. à celui qui aurait satisfait à ces conditions.

Le 4 septembre 1811, en séance générale, il est fait un rapport par le même M. Bardel, annonçant que les sieurs Levrat et Papinaud, les seuls fabricans qui se soient présentés au concours, ont satisfait aux conditions du programme. En conséquence, le prix de 1,500 fr. leur est décerné.

Voici du reste quel fut le considérant du rapport :

« Ils ont su éviter (les sieurs Levrat et Papinaud) les filets et ornemens qui présen- » taient au frottement des parties trop saillantes , que de fréquens nettoyages auraient » bientôt usées. Leurs différens ouvrages offrent en général des *surfaces lisses,* dont l'éclat » et le brillant peuvent être facilement entretenus. »

Il faut le dire, parce que cela est vrai, le résultat présenté par MM. Levrat et Papinaud était bien insuffisant. Ces messieurs avaient tourné l'écueil au lieu de l'aborder franchement; il fallait donc se condamner à n'employer que des objets *unis, lisses, sans ornemens ;* et qui ne sait que l'orfévrerie française s'est toujours distinguée par des ornemens de bon goût ajustés à des formes gracieuses ? MM. Levrat et Papinaud eussent donc succombé devant la mode actuelle, qui est une profusion d'ornemens enroulés avec des fruits, des coquillages, etc., rappelant tout ce que l'orfévrerie a jamais offert de plus riche, par conséquent de moins *lisse,* de moins *uni ! ! !*

Mais, d'un autre côté, il faut dire aussi que par cet encouragement l'impulsion fut donnée, et que le nombre des fabriques de plaqué s'augmenta.

Ainsi, à l'exposition publique des produits de l'industrie de 1819, la première qui ait eu lieu depuis 1806, quatre fabricans furent récompensés :

1° M. Levrat, d'une médaille d'argent et du rappel que fait le jury du prix de 1,500 fr, que cet artiste avait obtenu plusieurs années auparavant de la Société d'Encouragement ;

2° Le sieur Pillioud, d'une médaille de bronze ;

3° Et les sieurs Tourot et Châtelain, de mentions honorables.

L'exposition de 1823 fut plus remarquable encore, tant à cause de l'importance des objets exposés, qu'à cause du degré de récompense accordée à l'un des exposans, le sieur Tourot, qui reçut une médaille d'or. Mais déjà le même fabricant avait été honoré d'une semblable marque de distinction par la Société d'Encouragement, en 1820. Le rapporteur, M. le vicomte Héricart de Thury, avait surtout fait valoir l'introduction dans les moyens de fabrication de l'emploi du tour, ce qui était en effet une véritable révolution dans une industrie où tout se faisait au marteau auparavant. On peut dire ici, en passant, que cette importante application d'un outil dont les ressources si variées sont inépuisables, a fourni à l'orfévrerie actuelle un grand secours ; car elle était dans le même cas que sa sœur cadette. Celle-ci, la fabrication du plaqué, peut donc en toute justice s'énorgueillir de ce service rendu à sa sœur aînée.

Les autres exposans de 1823 furent MM. Levrat et Pillioud, qui obtinrent le rappel de leurs médailles de 1819.

En 1827, l'importance de la fabrication augmente. Six récompenses sont accordées, dont quatre nouvelles, savoir : une médaille d'argent au sieur Parquin, et trois médailles de bronze aux sieurs Bertholon, Balaine et Veyrat.

En 1834, l'art du plaqué est parvenu à un degré de supériorité évident ; le public est frappé de l'amélioration introduite dans les procédés qui assurent d'une manière indubitable la durée des objets plaqués. Ces procédés consistent dans l'application d'une bande d'argent sur toutes les parties saillantes des pièces. Tous les ornemens sujets au nettoiement sont mis en argent pur. Ce procédé doit rendre le plaqué inusable.

Aux rappels des médailles accordées en 1827, le jury joint trois nouvelles récompenses, savoir : une médaille d'argent à M. Gandais, une semblable médaille à M. Balaine, et une médaille de bronze au sieur Hardelet.

Mais la Société d'Encouragement avait, cette fois encore, devancé la justice du jury. En 1833, M. le vicomte Héricart de Thury avait lu un rapport sur les nouveaux procédés employés dans la fabrique d'*orfévrerie mixte* de M. Gandais. Ces procédés sont ceux dont il vient d'être parlé tout à l'heure ; c'est-à-dire qu'ils consistent dans l'application d'une bande d'argent rapportée sur les moulures des pièces, et dans l'emploi de l'argent seul pour les ornemens, anses, poignées, pieds, etc., parties toujours saillantes. M. Gandais, qui déclare avoir importé ces procédés des fabriques anglaises qu'il a visitées, avait donc enfin vaincu la difficulté que MM. Levrat et Papinaud n'avaient fait qu'éluder. Désormais, le plaqué pouvait donc obéir à toutes les impulsions, à tous les caprices de la mode, et véritablement lutter, dès ce jour, avec l'orfévrerie. Ces avantages parurent si clairs, si frappans à la Société, qu'elle accorda de suite à M. Gandais une médaille d'argent ; plus tard, elle lui décerna une médaille d'or ; et enfin, pour couronner les efforts de ce fabricant, qui paraît avoir donné lieu, dans son industrie, à une révolution semblable à celle qu'occasionna Tourot lorsqu'il y introduisit l'emploi du tour, le roi lui envoya la croix de la Légion-d'Honneur.

Ajoutons, pour compléter cette notice, l'échelle ascendante des divers titres ou qualités de plaqué qui ont successivement été mis en usage par les fabricans.

La première fabrique de plaqué en France, que nous appelons l'hôtel Pompoune, employait , pour les meilleurs ouvrages de vaisselle plate, du plaqué au huitième. On en retrouve encore aujourd'hui quelques débris chez les marchands de curiosités. Mais généralement ce plaqué n'existait que d'un côté de la pièce ; le revers était seulement argenté, et la façon laissait beaucoup à désirer. Il en résultait que, quoique le plaqué fût excellent à l'intérieur, le cuivre jaune finissait par paraître à l'extérieur.

Le plaqué fabriqué en 1809, par le sieur Jallabert, parut au rapporteur être du titre trentième.

Le doublé offert par MM. Levrat et Papinaud, en 1819, était au titre quarantième : « Ils ont peu fabriqué jusqu'à présent, dit le rapporteur, à un titre plus élevé, parce que » l'usage des ouvrages en plaqué n'est pas dans ce moment très-général en France, et » qu'ils ont dû offrir d'abord ces ouvrages à des prix modérés, etc., etc. »

Le doublé ou plaqué de Tourot, en 1823, était encore du quarantième, c'est-à-dire de trente-neuf parties du cuivre et d'une partie d'argent en recouvrement pour le doublé d'un côté ; le doublé double, ou des deux côtés, pouvait offrir alors le titre de vingtième.

En 1833 et 1834, le plaqué fabriqué par M. Gandais, et soumis à l'examen des commissaires, est de trois qualités ou titres, savoir : au quinzième, au dixième et au cinquième. Le fabricant annonce avoir fait un service de 25,000 fr. tout au cinquième, et dont les ornemens, dans le style du moyen-âge, sont entièrement en argent. On voit que la confiance du public a répondu aux efforts de l'industriel, et que *l'usage des objets plaqués est plus général en France* qu'autrefois. Enfin des prix en harmonie avec le travail et la qualité de la pièce n'effraient plus le consommateur, et permettent au fabricant de se livrer aux exigences de la mode.

Ainsi, le succès du plaqué, ou de l'*orfévrerie mixte* (nom que lui a donné M. Gandais, qui a poussé si loin cette industrie), son succès, disons-nous, est aujourd'hui assuré.

La statistique de l'industrie du plaqué peut se résumer à l'époque actuelle, de la manière suivante :

1° Il y a vingt fabriques de plaqué, dont quatre du premier ordre. Ces fabriques sont concentrées à Paris ; il n'y en a point en province ;

2° L'industrie tout entière occupe environ cinq cents ouvriers ; mais dans ce nombre doivent être compris les plaqueurs pour le harnais et la voiture ;

3° Le montant des produits de la fabrique du plaqué a été évalué, en 1834, lors de l'enquête faite par M. Duchâtel, ministre du commerce, de deux à trois millions de francs. Un fabricant seul l'a évalué à six millions. On croit qu'une appréciation sensée peut les porter, en 1836, à cinq millions, dont un quart environ est destiné à l'exportation.

Le plaqué n'est point sujet au contrôle de la garantie, institué par la loi du 19 brumaire an VI, qui a réglé la surveillance et admis l'authenticité des matières d'or et d'argent fabriquées ; mais il doit porter l'empreinte d'un poinçon apposé par le fabricant lui-même, et offrant en toutes lettres le mot *doublé,* ainsi que le chiffre du titre du plaqué, soit le dixième, soit le vingtième, soit tout autre titre. Cependant, comme d'après la même enquête il a été reconnu et déclaré par plusieurs fabricans que cette indication du titre était souvent inexacte, surtout pour les marchandises destinées à l'exportation, les premières maisons

dans cette industrie, se sont déterminées à timbrer de leur nom, en toutes lettres, les ouvrages sortant de leurs ateliers, afin d'offrir au public la véritable et la meilleure des ga-
ranties : celle de la responsabilité.

Le plaqué doit rester en dehors d'une question importante qui se présente toujours aux
expositions industrielles, question que certains esprits ont même placée sur la première
ligne, ne voulant voir de progrès pour aucune industrie dans la solution de cette question :
celle du *bon marché*.

Il faut avoir le courage de le dire, parce que cela est vrai : *Le plaqué à bon marché* EST UN
MENSONGE ; et cela se comprendra facilement : les deux métaux dont il est fait, c'est-à-dire
l'argent et le cuivre, coûtent toujours et invariablement le même prix (car la hausse ou la
baisse de quelques centimes par kilogramme ne vaut pas la peine qu'il en soit fait mention).
Ensuite, la façon d'un flambeau en plaqué léger est absolument la même que celle d'un
pareil flambeau en plaqué fort, et ne revient pas à moins (1). Il n'y a donc que le plus ou
le moins de matière employée qui fait la différence du prix. Or, comme c'est précisément
dans ce plus ou moins de matière que réside la durée, si le flambeau que l'on n'a payé
que 3 fr. 50 cent., il est vrai, ne dure que deux ans, tandis que celui qu'on aura payé
6 fr. en durera dix, y aura-t-il eu vraiment bon marché dans le premier cas ? Et, qu'on
nous permette ce jeu de mots excusable, sera-ce un bon marché qu'on aura fait là ? Ren-
dons cette démonstration plus sensible par des chiffres :

FLAMBEAU EN BONNE QUALITÉ,	FLAMBEAU EN LÉGER,
soit au 20ᵉ fort.	*soit au 60ᵉ ou au 80ᵉ.*
	(Compensation établie par l'épaisseur.)
Matière première. 70	Matière première. 23
Frais de fabrication. 20	Frais de fabrication. 20
Bénéfice du fabricant. 10	Bénéfice du fabricant. 10
Total. 100	Total. 53

On voit clairement que les chiffres 20 et 10, total 30, se retrouvent dans l'un comme
dans l'autre cas ; que par conséquent la différence ne porte que sur les chiffres 70 et 23 qui
représentent la matière ; qu'en définitive, l'acheteur *à bon marché* se trouve avoir payé
beaucoup plus cher, puisqu'il supporte 30 de perte sur 53, tandis que l'acheteur du bon
n'en subit que 30 sur 100. Il y a donc, entre ces deux conditions, une différence positive

(1) Nous avons dit tout à l'heure que la vapeur ne pouvait en aucune façon aider la main-d'œuvre de l'artiste. Aussi n'emploie-t-on
cette force motrice que dans le laminage du doublé. Les fabricans lamineurs de doublé ne le vendent pas à un prix moindre que s'il
était fait par l'ancien procédé.

de 33 et demi pour cent à 58 pour cent, c'est-à-dire une perte réelle de 24 deux tiers pour l'amateur du bon marché.

Résumons-nous et disons qu'il n'y a pas, qu'il ne peut pas y avoir de plaqué *à bon marché*. Il n'y a que des différences de titres et de qualités. Rappelons au public , que le poinçon de titre est mis par le fabricant lui-même, sans contrôle ni vérification.

Et disons, pour les amis du progrès, que ce n'est point un paradoxe, mais bien un véritable progrès, d'avoir amené le consommateur à mettre enfin un prix raisonnable au plaqué, en l'éloignant du *bon marché*. La preuve, c'est que le fabricant ayant pu donner du bon a reconquis la confiance publique ; et que l'on ne va plus aujourd'hui , comme autrefois , en Angleterre, pour se pourvoir d'un ornement de table qui remplace si facilement l'orfévrerie réelle, que c'est en cela surtout qu'il a gagné et qu'il mérite le nom d'*orfévrerie à bon marché*.

L'exportation des produits plaqués, en 1837, s'est élevée à quatre millions.

Parmi nos principaux fabricans on cite MM. Parquin, Pillioud , Gandais, Balaine et Veyrat à Paris.

SECTION VIII.

GANDAIS, à Paris, 42, rue du Ponceau. — Plaqué d'argent, ou orfévrerie mixte. — Médaille d'argent en 1827 et 1834. — Le plaqué le mieux conditionné laissait beaucoup à désirer, et la première demande faite à tous les fabricans, était communément de *trouver un moyen pour empêcher le cuivre de paraître après quelques années de service*, mais leur silence ou leur réponse avaient fait croire jusqu'à ce jour à l'impossibilité de vaincre cette difficulté.

Il était réservé à M. Gandais de fabriquer ce plaqué depuis si long-temps demandé, et de présenter des produits d'un mérite achevé, d'une solidité évidente et incontestable ; enfin, d'une réalité de valeur égale à l'élégance des formes (1).

(1) M. Gandais avait placé les objets qui composaient son exposition sur un bahut moyen âge emprunté aux magasins de M. Monbro, marchand de curiosités antiques à Paris, rue Basse du Rempart. Les amateurs s'arrêtaient avec complaisance devant ce meuble âgé de plusieurs siècles, quoique parfaitement conservé, et dont les ornemens à la fois gracieux et d'un goût sévère, rappelaient les plus heureuses conceptions d'Albert Durer. M. Monbro est plus qu'un marchand intelligent , c'est un artiste éclairé et consciencieux. Pour être convaincus de ce que nous avançons ici, pour savoir avec quel soin il fait ses acquisitions, il suffit de visiter une fois ses magasins de la rue Basse du Rempart ; meubles gothiques de tous les âges, armes antiques, hanaps richement ciselés, tout ce qui peut rappeler à notre souvenir les époques qui ne sont plus, est là rassemblé avec profusion.

VEYRAT et FILS, 20, rue de Malte, ci-devant 10, rue de la Tour. — Médaille de bronze en 1827, rappel en 1834. — Orfévrerie massive et doublée sur cuivre et fer. — La maison Veyrat tient le rang le plus distingué parmi celles qui exploitent l'industrie du plaqué. Dans leurs ateliers on fabrique simultanément *le plaqué en doublé d'argent sur cuivre, le plaqué sur fer,* et enfin *l'orfévrerie en argent ;* les produits de cette maison, qui déjà ont été remarqués et récompensés en 1827 et en 1834, sont excellens de qualité, élégans de formes et à des prix modérés ; les modèles qu'elle a exposés sont de ceux qu'elle fabrique et vend communément : MM. Veyrat n'ont point fait de tours de force pour séduire le public, qui ne raisonne pas l'utilité d'une industrie. Industriels véritablement progressifs, ils n'ont présenté que des objets qui conviennent à tout le monde et à toutes les fortunes. Cette maison exporte annuellement pour une somme importante et entretient un grand nombre d'ouvriers.

MM. Veyrat et Fils viennent de publier une brochure sur la nécessité de rapporter le titre VII de la loi du 19 brumaire, en ce qu'il prescrit l'application d'un poinçon de titre sur l'orfévrerie en plaqué d'argent ; nous ne saurions trop recommander à l'attention de nos lecteurs cet ouvrage qui est écrit avec élégance et clarté, et ce qui vaut mieux, qui est rempli d'idées saines et utiles.

BALAINE (Ch.), à Paris, 93, Faubourg du Temple ; seuls dépôts à Paris, galerie Colbert ; à Bruxelles, rue de la Madeleine, chez Lefin-Licot. — Médaille de bronze en 1827, médaillé d'argent en 1834. — Orfévrerie, Plaqué sur argent. — Cette maison est une des plus anciennes en ce genre ; elle a exposé en 1819, 1827 et 1834 ; elle se recommande par les formes gracieuses, par le fini et surtout par la qualité de ses produits.

M. Balaine s'est constamment attaché à ne fabriquer que de la bonne qualité, ce qui lui a valu la réputation dont il jouit.

Il a exposé cette année, entre autres choses, un service à thé ciselé en relief avec tous les ornemens en argent, des flambeaux et girandoles d'un modèle tout nouveau, et plusieurs autres articles qui se recommandent par leur bonne exécution.

HALLOT et Cⁱᵉ, à Paris, 16, rue du Grand-Chantier. — Plaqué d'or et d'argent. — Parmi les objets exposés par M. Hallot, il y avait deux vases renaissance ; ces vases sont d'une seule pièce ; la ciselure genre rocaille a offert beaucoup de difficultés, surtout pour le plaqué que l'on ne peut réparer comme l'argent massif.

Un thé, composé de onze pièces, y compris le plateau, a offert également des difficultés pour les formes, qui sont des gaindrons faits au tour, au lieu d'être faits au marteau ; les moulures sont toutes en plaqué, ce qui a été plus difficile à travailler que si elles eussent été en argent.

La maison Hallot et Cⁱᵉ est depuis long-temps très-honorablement connue. M. Hallot fabrique aussi tout ce qui concerne l'équipement militaire.

MOREL, à Paris, 8, rue des Vieilles-Audriettes, a exposé de l'orfévrerie en doublé d'argent sur cuivre, pour ornemens d'église et de table ; ses divers ouvrages nous ont paru confectionnés avec tout le soin possible , mais nous devons ajouter que M. Morel ne nous paraît pas avoir choisi ses modèles avec beaucoup de discernement.

M. HARDELET, 34, passage Choiseul, qui a obtenu une médaille de bronze en 1834, s'est fait remarquer cette année, comme les années précédentes, par le soin consciencieux qu'il apporte à la confection de tous les objets fabriqués dans ses ateliers.

Nous ne dirons rien de MM. PARQUIN, 74, rue Popincourt , et PILIOUD, 78, rue Vieille du Temple, qui a obtenu, en 1817, une médaille d'argent, rappelée en 1834, et nous croyons que ces messieurs nous sauront gré de notre silence.

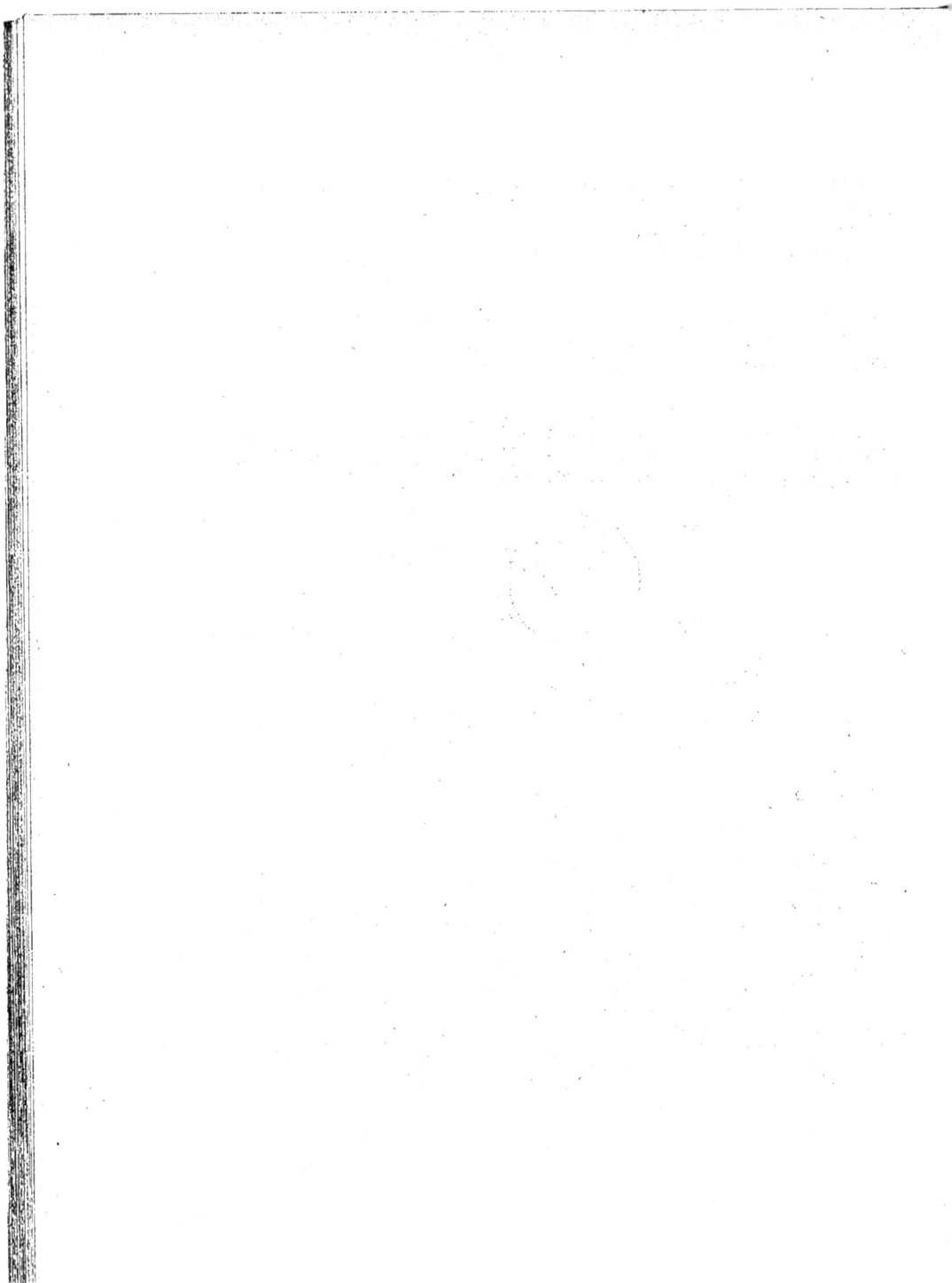

CHAPITRE DEUXIÈME.

FABRICATION ET EMPLOI

DES COULEURS VITRIFIABLES.

—◦❂❀❂◦—

SECTION PREMIÈRE.

PEINTURE EN ÉMAIL SUR VERRE.

BILLARD, à Paris, 15, rue Neuve de Ménilmontant.—Peinture sur verre.—A l'exposition de 1834 il n'y eut qu'un seul exposant de peinture sur verre, mais depuis cette époque cet art particulier a fait d'immenses progrès ; ainsi M. Billard dont nous avons visité les ateliers avec le plus vif intérêt, est parvenu à faire le raccord des vieux vitraux avec une exactitude frappante et il peut remplacer entièrement et avec avantage ceux qui auraient été totalement détruits, ainsi grace aux progrès de la chimie moderne il peut faire des compositions impossibles aux anciens qui manquaient de couleurs variées applicables aux pinceaux et n'avaient que des moyens de cuisson fort restreints.

L'industrie ou plutôt l'art dont s'occupe M. Billard est si intéressant, il s'y rattache tant de souvenirs, que nous avons cru que nos lecteurs accepteraient, avec plaisir, quelques détails assez étendus sur la peinture sur verre en général, et sur l'ensemble des travaux de M. Billard.

Il a été écrit et dit, à propos de l'art de peindre en émail sur verre, bien des erreurs. C'est que, en général, si les artistes écrivent peu ou mal et ne se font pas comprendre, la plupart des écrivains sur les arts les comprennent bien peu et les décrivent encore plus mal. On croit connaître l'art des anciens, parce qu'on a lu quelques-uns de leurs vieux traités : et, véritablement l'on n'y entend rien, parce qu'on a mal lu, mal compris, et que pour bien lire, comprendre et enfin savoir réellement, il faut avoir pratiqué beaucoup ou avoir vu long-temps pratiquer l'art dont on veut parler et sur lequel on veut écrire. Et nous ne savons si nous-mêmes, nous comprenons bien dans toutes leurs parties les écrits des anciens sur la vitrification, les émaux, leur fabrication et leurs emplois si variés, si divers ! Nous avons peine à traduire exactement, à suivre dans toutes leurs opérations Néri, Meret, Kunckel, Bernard de Palissy et voire même Leviel. C'est que leur vocabulaire et le nôtre sont si différens ! C'est que notre langue chimique moderne est si exacte, si précise, et leur langage scientifique si vague, si obscur, si confus ! ...

Il existe dans le monde, grace à cette foule d'auteurs qui écrivent sur les arts sans en avoir jamais pratiqué aucun, tant de croyances erronées, tant de préjugés au sujet des anciens vitraux, que pour en détruire une partie, que pour être compris dans l'exposé des travaux de M. Billard, et que, surtout pour ne pas trop révolter les préventions dans la juste appréciation des produits distingués de sa manufacture, nous devons d'abord exposer bien nettement ce dont il s'agit dans cette question des vitraux coloriés.

Il s'agit de verre, de vitrification ; il s'agit d'émail, de peinture en émail ; il s'agit enfin de vitraux, de leur composition : toutes choses confondues entre elles, comme une seule et même chose, et qui pour être bien comprises, doivent être bien séparées et examinées l'une après l'autre.

1° Du verre, de la vitrification.

Le verre est un composé de silice infusible et d'un alcali, la soude ou la potasse, qui sont très-fusibles. — Ces substances, soumises à l'action du feu, donnent un verre plus ou moins blanc, plus ou moins transparent, selon que ces matières sont plus ou moins pures. Si la silice contenait un oxyde métallique de fer, par exemple, le verre serait d'une teinte plus ou moins rougeâtre, selon le degré d'oxydation du fer ; si c'était une partie d'oxyde d'étain, le verre serait blanchâtre, laiteux, opaque, etc. — Dans cette opération de la vitrification, nous voyons que l'alcali fait l'office de *fondant* sur la silice, et qu'un oxyde métallique vient colorer ce produit. — Or, comme dans la nature, la silice est rarement pure de tout oxyde métallique, on peut assurer que les premiers verres fabriqués par l'industrie humaine étaient plutôt des verres de couleurs que des verres parfaitement blancs.

On agissait dans les premiers temps avec des matières dont toutes les parties constitutives n'étaient pas connues, et encore moins séparées les unes des autres. Et cela est si vrai , que nous ferons bientôt remarquer , en parlant de la composition des anciens vitraux , qu'alors même que leur fabrication était la plus florissante, *les peintres-verriers-vitriers* étaient fort pauvres en tables de verre blanc , fort riches en verres de couleurs du plus vif éclat, et ne possédaient que très-peu de couleurs métalliques applicables sur le verre au pinceau.—Ce fait paraîtrait étrange, puisque, théoriquement, ce sont les mêmes couleurs ou oxydes métalliques qui teignent le verre dans sa pâte et qui servent à peindre sur le verre, si ce que nous avons avancé plus haut ne venait l'expliquer, si on oubliait que la palette du peintre en émail ne s'est enrichie de tant de tons brillans, que depuis qu'on est parvenu , d'une part, à bien séparer tous les oxydes des corps étrangers avec lesquels ils se trouvent mêlés dans la nature , et de l'autre à transformer les métaux en oxydes par l'action de l'oxygène. Il ne faut donc pas perdre de vue que dans les temps anciens cette industrie de la vitrification procédait par découvertes de faits , ce qui constitue la pratique et que la théorie des arts, comme celle des sciences, ne peut s'établir qu'après qu'une masse immense de résultats ont été soigneusement et longuement emmagasinés par les manipulateurs, les fabricans, les artistes proprement dits. — Ainsi, un verrier savait par expérience que tel sable, mêlé avec telle sorte de terre, donnait un verre rouge ; il employait toujours la même sorte de sable et de terre, et dans les mêmes proportions pour obtenir son verre rouge. — Il savait que tel sable mêlé avec du *safre* (c'est ainsi qu'autrefois se nommait l'oxyde de cobalt) donnait un bleu magnifique ; il faisait toujours son verre bleu avec le même sable et la même quantité de safre. —Le hasard lui faisait-il découvrir que quelques parties de chaux, de manganèse (car à cette époque on donnait le nom de chaux à tous les oxydes métalliques) , avaient la propriété de rendre le verre plus transparent , plus diaphane et d'absorber et de détruire les teintes diverses que les oxydes mêlés aux terres ou aux sables communiquent au verre ; il constatait ce fait et donnait à l'oxyde de manganèse le nom de *savon du verrier*.

Le verrier-peintre-vitrier transmettait avec soin à ses élèves ou à ses successeurs ses doses et formules pour la fabrication de ses verres de couleurs. — Chacun avait sa recette , son secret, qui, au fond, étaient les mêmes, mais nécessairement modifiés par la différence des matières premières que chacun avait plus facilement sous la main.

Il y avait bien à cette époque progrès dans les résultats de la vitrification , dans les beaux produits des nobles verriers d'alors, dont les tentatives d'amélioration et les découvertes étaient stimulées et récompensées par des priviléges royaux, par des exemptions d'impôts, par des titres de noblesse et surtout par les prix excessivement élevés des verres de leur composition , payés parfois avec des masses de pierres précieuses supposées nécessaires à leur fabrication , et dont, au surplus, ils imitaient parfaitement les brillantes couleurs. —Il y avait progrès , mais il n'y avait pas science ; c'est-à-dire que la théorie chimique était encore dans l'enfance. L'effet de l'oxygène sur les métaux, reconnu par la calcination (comme on disait alors), n'était pas tellement bien apprécié qu'on pût séparer exactement les oxydes des matières au milieu desquelles ils se trouvent tous formés dans la nature ; et que ces oxydes , mêlés à une légère partie vitrifiée simplement matériellement dans la pâte du verre, en couvraient la superficie pour le colorer. La science chimique n'a été créée que bien long-temps après et alors que déjà l'usage des vitraux de couleurs était abandonné, non pas, ainsi qu'on le redit sans cesse, parce que le secret en était perdu, mais parce que la mode leur avait fait préférer le verre blanc et transparent. Ce verre remplaçait avec avantage, disait-on, par sa blancheur et l'étendue de ses surfaces, cette marqueterie de petits morceaux de verres coloriés qui assombrissaient les lieux publics, — Le peuple, disait-on encore, qui commençait à savoir lire, avait besoin de vitres qui laissassent arriver jusqu'à lui la lumière pure de toute altération. Aussi la chimie moderne n'a-t-elle pas eu à perfectionner la fabrication des verres de couleurs qu'on ne lui demandait pas ; mais elle a rendu les plus grands services à la confection du verre blanc, qui, sous les noms de verre à vitres, cristaux de table, glace de miroirs, etc., est poussée de nos jours à un degré de perfection vraiment extraordinaire, qu'on ne pouvait prévoir et qui n'a jamais existé. — Jamais, en effet, les verres à vitres n'ont été d'une si belle transparence, d'une telle épaisseur, d'une si grande dimension ; jamais les cristaux de table n'ont eu cette translucidité, n'ont réfracté la lumière avec plus d'éclat, n'ont reçu des formes si variées, si multipliées ; jamais on n'a vu des glaces de miroirs d'un volume si colossal, d'une si grande épaisseur et d'une aussi belle eau.

La verrerie du moyen-âge n'a donc rien de comparable à notre moderne verrerie ; cependant il faut lui tenir compte de sa verroterie que la nôtre surpasse de beaucoup, et de ses petites tables de verre de couleurs du plus vif éclat ; verres de couleurs que déjà nous reproduisons, mais en grandes tables, ce qui en ceci encore nous rend supérieurs aux anciens.

2° De l'émail, de la peinture en émail.

Si de l'oxyde de cobalt, mêlé à une composition de verre, produit *un verre bleu,* une légère partie de verre, mêlée à une plus grande quantité d'oxyde de cobalt, produit un *émail bleu.*

Quelle différence existe-t-il donc entre le verre et l'émail ? Voici : une petite quantité relative d'un oxyde métallique, ajoutée à une composition de verre, produit un verre de couleur ; mais une petite quantité relative de verre, unie à une grande quantité d'oxyde métallique, produit un émail ; ou, en d'autres termes, dans le premier cas, la base, le verre, reçoit les molécules colorantes et reste verre colorié ; dans le second cas, la base, l'oxyde métallique, reçoit les molécules vitrifiables, c'est un émail.

On emploie l'émail de deux manières : ou on l'applique en couches assez épaisses, c'est *émailler ;* ou on l'applique légèrement au pinceau, c'est *peindre en émail.* Si l'émail broyé à l'eau est appliqué en couches assez épaisses sur une plaque d'or, d'argent ou de cuivre, *c'est émailler sur métaux.* C'est ainsi qu'on émaille les cadrans de montres, les bijoux, etc. Si on applique une couche sur un vase de terre ou de porcelaine, c'est *émailler sur terre, sur porcelaine.* Nos vases de terre les plus communs, qu'on dit vernis, vernissés, sont émaillés ;

si on applique une couche d'émail sur le verre, on ne peint pas sur verre, comme on dit improprement, *on émaille sur verre*.

Peindre en émail, c'est appliquer les couleurs en émail broyées à l'essence à l'aide du pinceau.

Dire qu'on peint sur verre, sur porcelaine, quand on veut exprimer qu'on y applique des couleurs vitrifiables, ce n'est pas rendre sa pensée, car on peut peindre sur ces corps à l'huile ainsi qu'à la détrempe. Autrefois la mode envoyait en Chine des glaces françaises de Venise non étamées, sur lesquelles les Chinois peignaient à la gomme des paysages, des magots et des oiseaux ; ces glaces revenues en Europe y étaient étamées par-dessus ces tableaux ridicules, et vendues à des prix que n'auraient peut-être pas exigées de belles peintures en émail sur verre. Pour rendre donc toute sa pensée et être compris, quand on applique au pinceau des couleurs vitrifiables, il faut dire qu'on peint en émail.

En général, on ne peint en émail que sur le verre et sur l'émail. Il est rare qu'on peigne en émail sur porcelaine, ce qui pourtant n'est pas impossible. Mais, en général, la peinture en émail ne s'applique que sur la *porcelaine* déjà *émaillée*, déjà enduite de sa *couverte* vitrifiée, de son *vernis*, comme on dit : « Les habiles pinceaux de madame Jacotot ne » s'exercent jamais que sur une porcelaine ainsi terminée. » Madame Jacotot est peintre en émail sur émail, comme celui qui peint les chiffres sur un cadran émaillé, comme l'immortel Petitot, qui peignait en émail les portraits de la cour de Louis XIV, sur une plaque de cuivre ou d'or préalablement émaillée ; comme notre célèbre Augustin, que nous avons vu peindre en émail des portraits qui ne le cédaient en rien à ceux de ce grand maître.

Ainsi, on remarquera que quand on répète dans le monde que le secret de peindre sur verre est perdu, on se trompe obstinément. On ne réfléchit pas que c'est en émail que l'on peint sur verre, et que jamais on n'a si bien peint en émail que de nos jours. Jamais les couleurs en émail n'ont été si perfectionnées que depuis que l'usage de peindre sur verre a cessé d'être à la mode. Les anciens peintres en émail sur verre n'avaient, ainsi que nous l'avons déjà dit, que très-peu de teintes à leur disposition. C'est même à ces peintres, désespérés de voir les produits de leur art dédaignés, c'est aux efforts qu'ils firent pour transporter leur peinture en émail du verre à la faïence et à la porcelaine émaillées, qu'on est redevable de l'amélioration de leur palette.

Bernard de Palissy était peintre sur verre, et ses tentatives si multipliées, si obstinées, pour peindre sur faïence et sur porcelaine, enfin pour fabriquer ce qu'on nomme ses émaux, ne lui ont été inspirées que par le chagrin qu'il éprouvait de ce que de son temps déjà, la peinture sur verre, négligée, dépréciée, ne pouvait plus soutenir honorablement l'artiste qui la pratiquait.

Ainsi voici deux faits bien constatés : jamais, à aucune époque connue, la fabrication du verre n'a été poussée à l'état de perfection où elle se trouve aujourd'hui ; jamais l'art de peindre en émail n'a été ni plus ni mieux cultivé que de nos jours. De ces deux faits il en découle un troisième, c'est que jamais, à aucune époque, on n'a peint en émail sur verre avec une plus grande habileté. Nous en appelons aux souvenirs des vrais appréciateurs, qui ont vu en 1809, à l'une des expositions du Musée et dans la galerie de MM. Dhil, des paysages peints en émail sur glace par Demarne. Les connaisseurs impartiaux n'ont jamais rien admiré qui puisse être comparé à ces tableaux dans les anciens vitraux tant vantés par les amateurs de choses gothiques ; aussi ces amateurs se sont-ils bien gardés de comparer de telles œuvres à l'une de leur plus mauvaises grisailles du XIII° siècle. L'engouement aveugle des vieilles choses se joint à l'ignorance pour méconnaître et déprécier nos chefs-d'œuvre modernes. Ils sont sacrifiés ainsi par suite de comparaison qui, la plupart du temps, n'ont pas le sens commun.

On ne saurait trop le redire, les anciens peintres sur verre, même les plus habiles, n'ont rien fait qui approche de ces tableaux sur verre, et qui puisse être mis en parallèle avec aucune des compositions de cette remarquable exhibition , tant sous le rapport de l'art comme peinture en général, que sous le point de vue particulier de la peinture en émail sur verre.

Les anciens d'ailleurs, et il faut leur rendre cette justice, n'avaient aucun moyen de peindre ainsi ; ils n'avaient même pas une table de verre de cette dimension pour servir de toile à un pareil tableau. Il ne faut donc point comparer nos peintures en émail modernes avec les anciens vitraux , qui sont bien moins une peinture en émail qu'une mosaïque , qu'une marqueterie en verres coloriés. C'était une industrie toute différente, toute particulière, qui n'exclut point l'habileté, mais qui demandait surtout beaucoup de patience jointe à une très-grande habitude. C'est ce que nous allons démontrer en expliquant en quoi consistait le secret prétendu de la composition des anciens vitraux. Nous espérons qu'on reconnaîtra bientôt que nous n'avons perdu que deux petits ingrédiens de ce grand secret. Nos artistes ont perdu l'habitude de ces compositions minutieuses, et le public a perdu l'habitude d'y mettre le prix élevé qu'elles exigent pour être rétribuées convenablement.

3° *Vitraux, composition de vitraux.*

Quand un peintre-vitrier, Albert Durer ou Bernard de Palissy, par exemple, était chargé de faire un tableau en verre, pour fermer, pour clore une croisée de chapelle, il faisait de sa composition un dessin, une peinture, enfin un carton de la grandeur même de la croisée. Avec un art, une patience et une intelligence admirables, il découpait chaque partie de son tableau en suivant, avec une scrupuleuse adresse, les lignes de son dessin où ces solutions de continuité pouvaient être le moins aperçues, soit dans les ombres portées, soit dans les changemens de couleur, soit dans les traits prononcés des personnages et dans tous les contours du dessin ; enfin, il multipliait ainsi les petites pièces dans le double but de passer d'une couleur à une autre et de n'employer que des petites tables de verre , les seules qu'il eût à sa disposition. Ceci fait, il traduisait ce carton, chaque morceau de carton découpé, comme un jeu de patience, en autant de morceau de verre découpés aussi dans la même forme , de la même couleur que les pièces multipliées de son tableau ; et quand, dans ces morceaux, il se trouvait, par l'exigence du dessin, des ombres et des clairs, le fond du verre colorié formait la teinte des clairs ; et des traits faits au pinceau avec des couleurs en émail plus foncées que le fond, indiquaient ces ombres ; le pinceau accusait encore fortement les lignes des draperies, celle des décors et les traits des figures. Ces seuls morceaux de verre, ainsi peints, étaient soumis à l'action du feu, qui, vitrifiant les couleurs métalliques appliquées sur la superficie du verre, les faisait entrer dans sa pâte, et les pièces refroidies, les couleurs et le verre n'étaient qu'un seul et même corps. Tous ces longs et pénibles travaux terminés, le peintre-verrier-vitrier réunissait avec des rainures de plomb ou d'étain tous ces morceaux ajustés à leur place avec le plus grand soin, et qui dès lors représentaient exactement le tableau. Des armatures en fer consolidaient le tout, etc.

Remarquons donc bien ceci : les anciens vitraux sont composés de petites tables de verres coloriés ; ou ce verre est colorié dans sa pâte, ou la plaque de verre blanc est coloriée sur une seule de ses faces, il est proprement dit *émaillé* ; mais, dans tous les cas, la peinture en émail ne vient jamais que pour former quelques ombres, dans les têtes, pour y tracer les yeux, le nez, la bouche, les oreilles, des mèches de cheveux, etc. Les habiles artistes qui composaient ces vitraux étaient en même temps verriers-peintres et vitriers, ou au moins dans les ateliers où on les fabriquait en grand, travaillaient en même temps un verrier, un peintre, un vitrier, contribuant à l'œuvre comme une seule et même personne, réunissant ces trois qualités. *Ces peintres-verriers-vitriers,* dès qu'ils concevaient la pensée d'un tableau, en voyaient déjà l'effet comme vitrage. Ils en disposaient toutes les parties de manière à pouvoir les découper en petites plaques de six à huit pouces de surface, et de manière encore à ce que les petites rainures de plomb, qui devaient les réunir, ne fussent point trop apparentes dans les clairs, ne coupassent jamais les lignes du dessin transversalement et ne produisissent point un mauvais effet. Ils employaient toutes les ressources de leur esprit pour dissimuler, par l'éclat de leur verre en table dont ils faisaient toute la marqueterie, toute la mosaïque de leurs vitraux, le peu de teintes dont ils pouvaient disposer pour les carnations et les ombres. Ils réunissaient avec un artifice étonnant, une solidité merveilleuse, toutes ces petites plaques de verre teint, peint et colorié au feu. Leurs tableaux sont si bien combinés sous tous ces rapports du verrier, du peintre et du vitrier que, vus à certaine distance, ils paraissent comme peints sur une surface unie et d'une seule pièce. L'œil le plus exercé a de la peine, quelquefois, à poursuivre exactement et dans tous ses détours la continuité de ce réseau de plomb qui réunit ce millier de pièces de rapport et n'en fait qu'un tout solide. Et pourtant ces tableaux sont transparens, et pourtant leur transparence est continuellement interrompue de six pouces en six pouces par des traits opaques qui n'ont pas moins de deux lignes de large ; mais ces contours, malgré leur opacité, sont si variés dans leurs ondulations multipliées, et se perdent si bien dans les ombres et dans les traits du dessin, qu'ils y deviennent même nécessaires et qu'ils ajoutent encore à l'effet vigoureux de la peinture, comme ombres portées riches et profondes, et comme contours de formes larges et fortement accentuées.

On conçoit facilement qu'un art, composé de trois arts réunis, lorsqu'il cesse d'être fécondé par la mode, par un usage général et surtout si le prix de ses produits est excessivement élevé, doit bientôt tomber en décadence.

Le verrier se sépare du peintre et le peintre du vitrier.

Le verrier, pour satisfaire un goût nouveau, s'essaie à fabriquer un verre blanc, et dans des dimensions plus développées que n'en fabriquaient ses prédécesseurs. Pour y parvenir, il modifie nécessairement les anciennes compositions du verre. Et plus tard, quand il doit exécuter encore quelques teintes colorées, mêlant son ancienne formule colorante avec sa nouvelle matière vitrifiable, il n'obtient pas toujours, avec ces recettes confondues, les mêmes résultats. Pour bien comprendre ce fait, il ne faut pas oublier que, si la base du verre est, théoriquement parlant, la silice et la soude, en pratique on fait du *verre de mille manières différentes*. La silice, l'alumine, la chaux, tous les sels, tous les oxydes, entrent dans la matière du verre, suivant l'objet auquel le verre est destiné. Il est facile de comprendre que les anciennes formules colorantes, mêlées à un verre qui n'est pas composé suivant les anciennes recettes, ne peuvent point donner exactement les produits qu'en obtenaient les anciens. C'est ainsi que se sont trouvés, non pas perdus, mais inutiles, les secrets transmis de génération en génération. Transmis par des hommes de pratique à des hommes sans aucune théorie, la moindre modification a tout bouleversé.

De son côté, le peintre sur verre reporte son industrie du verre sur la faïence et la porcelaine qu'il émaille d'abord, et sur lesquelles il peint ensuite. Lui qui, quand il peignait sur verre, mettait un si grand soin à suivre de l'œil l'action du feu sur ses couleurs métalliques pour les en retirer aussitôt que leur vitrification était opérée, maintenant qu'il peint la porcelaine, et qu'il y empreint des tableaux bien autrement travaillés et précieux, ne s'occupe même plus de leur vitrification ; c'est à l'homme de peine chargé de la cuisson de la porcelaine que ce travail est désormais confié. Le peintre en émail sur verre a donc perdu l'habitude de juger du coup de feu, qui entrait pour beaucoup dans le plus ou moins d'éclat des couleurs des anciens vitraux.

Quant au vitrier, il cesse de cultiver un art de combinaisons délicates et variées; ses plans géométriques, ses ajustages en plomb, ses coupes de verre en mille formes diverses, etc., tout est négligé, abandonné, oublié ; tout son talent se borne à ajuster de grandes vitres carrées à l'aide du mastic et de quelques pointes dans un encadrement en bois.

Et quand il s'agit de réparer de vieux vitraux dégradés, la difficulté qu'on éprouve à trouver des ouvriers réunissant les trois qualités, que les circonstances ont désunies et détruites, jointe à l'avare économie qui a toujours présidé à l'entretien des lieux publics, fait concevoir la pensée de les détruire. Et les marguillers de paroisses, qui ordonnent ces actes de vandalisme, s'en excusent en vantant le magnifique effet du verre blanc, qui éclaire beaucoup mieux et coûte bien moins cher ; d'ailleurs, à les entendre, le secret de la peinture sur verre est perdu. Et depuis la fin du siècle de Louis XIV, on répète cette absurdité, et le public y croit en se répandant en regrets superflus, malgré les protestations des hommes instruits, qui n'ont cessé de combattre cette erreur (1). Mais que de vrais savans, comme M. Brongniard, directeur éclairé de la manufacture de Sèvres, veulent un jour s'en occuper,

_____

(1) Voir Néri-Méret et Kinquel, Bernard de Palissy, Leviel, les Mémoires du chevalier Alexandre Lenoir.

et d'habiles peintres dans tous les genres deviennent d'excellens peintres en émail sur verre, parce que la chimie moderne a découvert et conservé la théorie des secrets de la peinture en émail, des phénomènes de la vitrification et des influences de l'oxygène sur les métaux ; parce que, enfin, les couleurs vitrifiables appliquées sur la porcelaine sont les mêmes que les couleurs appliquées sur le verre. La pratique seule indique les modifications qui doivent y être apportées dans la nature des *fondans*, en raison des *fonds* qui doivent les recevoir.

De nos jours, chez un grand nombre d'amateurs, le vrai, le bon goût des belles choses anciennes, a remplacé un aveugle engouement. Aujourd'hui on estime à leur juste valeur les beaux vitraux des siècles passés. On regrette leur abandon total et leur barbare destruction depuis le début de la régence jusqu'à la fin du siècle dernier. On veut réparer, conserver ceux que le temps et la mode ont respectés. On veut que ce bel art embellisse encore nos habitations modernes, non pas exclusivement et partout comme autrefois, mais avec discernement et dans quelques parties de nos riches demeures, où il peut devenir autant une décoration, qu'une utilité, par sa propriété de ne laisser pénétrer qu'une lumière douce et mystérieuse ; et par cet autre avantage non moins précieux d'opposer un obstacle aux regards indiscrets et curieux.

Parmi les peintres en émail sur verre qui, de nos jours, se sont fait connaître avec avantage, nous ne devons point omettre M. Mortèleque qui s'est véritablement signalé par des travaux nombreux et remarquables en ce genre. Déjà, dans quelques verreries on multiplie les verres de couleurs en pâte, ou teints seulement sur l'une de leur face. On livre au commerce et en grande fabrication des tables de verre destinées à la décoration des salles de bain, des vitres de boudoirs, etc., et qui sont recouvertes des dessins les plus légers et dits verres dépolis.

C'est le procédé que M. Luton, peintre en émail, sur émail et sur verre, avait inventé pour ses étiquettes indestructibles sur les bocaux des pharmaciens, appliqué au décor des plus variés, verres à vitres.

On couche sur l'une des faces du verre une légère teinte d'émail blanc, broyé à l'eau ; on applique la planche d'un dessin découpé à jour, par l'estampage, sur cet émail séché, on brosse légèrement, ce qui enlève l'émail dans tous les vides de la planche. On passe au four, et la feuille de verre représente un dessin transparent sur un fond blanc, mais demi-transparent, demi-mat, comme un verre dépoli.

Enfin M. Billard, que nous avons un moment perdu de vue pour ne nous occuper que de son industrie, n'est pas seulement peintre en émail, il est chimiste. Il a beaucoup travaillé sur les émaux et a bien étudié les anciens vitraux. Il vient mettre à la portée du commerce ses connaissances et ses nombreux travaux en ce genre. Il vient faire tous les jours, à Paris, ce que M Brongniard fait exécuter de temps en temps à Sèvres. Il a déjà décoré, entre autres travaux importans, une église d'Evreux de huit croisées, ayant huit mètres de superficie chacune ; elles sont en ogives et divisées verticalement en trois panneaux égaux. Le panneau central de six de ces croisées représente, en grand, un saint évêque, ou un évangéliste ; les deux panneaux latéraux sont remplis par un fond mousseline, dessin gothique, jaune, encadré d'une bordure fond blanc à ornemens jaunes. La surface des ogives, divisée en huit compartimens, est ornée de grandes rosaces en jaune sur fond bleu, d'un chiffre auréolé ; et, dans les divisions plus extérieures, sont des têtes d'anges ailées, dans un fond d'azur. La croisée principale, celle du chœur, est remplie par trois évêques en pied, grandeur naturelle ; au-dessous d'eux, sont placées les armoiries du pape et celles de l'évêque d'Évreux, séparées par une inscription en jaune sur fond bleu ; l'ogive est occupée par les bustes de l'enfant Jésus, de la sainte Vierge et de saint Joseph, entourés par des têtes d'anges ailés. La huitième croisée est dans une chapelle. Elle représente l'Annonciation, grandeur naturelle.

Ces travaux ont été exécutés dans l'espace de trois mois, et aux modiques prix de 10 fr. le pied carré pour les personnages, et de 6 fr. pour les autres ornemens. A la vérité, et c'est ce qui explique la modicité de ces deux prix, plusieurs des parties de ces croisées ont été exécutées sur de grands morceaux de verre, ainsi que l'ont été les grandes peintures qui décorent l'église Sainte-Élisabeth, rue du Temple ; mais le reste est exécuté dans le genre ancien, c'est-à-dire au moyen de petits morceaux de verre de couleurs en table, réunis par des plombs.

Ce n'est pas sans intention, que nous insistons sur ces prix différens et sur ces procédés divers. Il n'est pas sans importance pour l'histoire de cet art, et encore moins pour sa régénération, de remarquer les deux faits suivans. Lors de sa décadence, les peintres en émail sur verre quittent l'usage d'employer de petits morceaux de verre, et peignent sur des feuilles plus grandes ; ils y trouvent de l'économie, mais leurs travaux y perdent une grande partie de leur mérite et de leur éclat. Lors de sa renaissance, et de nos jours, on s'entête encore à peindre sur de grands morceaux de verre. Par économie ? non ; c'est par préoccupation de peinture en émail sur verre, à laquelle on attribue obstinément, aveuglément, le mérite des anciens vitraux. Les vitraux de Sainte-Élisabeth sont dans ce genre, peints sur des feuilles de verre de quatorze pouces. Les liens de plom¹ qui les réunissent carrément produisent sur ces peintures l'effet d'un tableau mis aux carre?,? pour en faire la réduction ; et la peinture en émail, chargée seule d'indiquer les contou? ??es ombres, ne produit point l'effet vigoureux des plombs et détruit le vif éclat des verres qui ne sont que peints au lieu d'être coloriés dans leur pâte. Aussi, ces tableaux, qui sont, comme peinture, d'un mauvais dessin et faux de couleur, sont, comme vitraux, ternes, pâles et cotoneux.

On nous dira que Jean Cousin, lui-même, a eu recours à des tables de verre d'une assez grande dimension. Oui, pour ses tableaux d'une seule couleur, monochrômes ; mais, pour ses peintures coloriées, il suivait l'ancien procédé, auquel devront s'assujettir les modernes, s'ils veulent reproduire des effets analogues à ceux des anciens. Quand on copie, il faut au moins connaître l'original, l'étudier avec sa raison autant qu'avec ses yeux.

Cette vérité n'a point échappé à M. Billard, et il est entré franchement dans la carrière. Dans son établissement se trouvent réunies les trois divisions que nous avons signalées dès notre début. M. Billard s'est fait, pour la fabrication des vitraux, *verrier-peintre-vitrier ;* et ses ateliers sont disposés pour satisfaire à ces trois exigences. Il a deux fours de construction, qui lui servent, tantôt à émailler ses feuilles de verre sur l'une de leurs surfaces, tantôt à cuire, comme on dit, mais c'est vitrifier qu'il faut dire. Les couleurs en émail sont appliquées, avec le pinceau, sur les petits morceaux de verre destinés à ses vitraux. C'est lui qui met au four la peinture en émail de sa composition. C'est lui qui approprie le *fondant* de ses couleurs à la nature de la plaque de verre qui doit les recevoir. Son œil exercé épie, au milieu du feu, les effets que cet élément produit sur ses peintures, et son expérience l'augmente, le diminue ou l'arrête suivant leurs besoins. Il fait exécuter en grande verrerie des feuilles d'un verre blanc, dont la composition particulière, toujours la même, a de l'homogénéité avec ses émaux.

Dans ses ateliers, on peut exécuter, et l'on produit en effet, des vitraux dans tous les genres de composition : en très-petits morceaux de verre coloriés, découpés symétriquement, comme la mosaïque, à l'instar des vitraux exécutés dans les premiers temps de cette industrie, en très-petits morceaux de verres de couleurs, découpés suivant certaines lignes du dessin d'un tableau, mais sur quelques-uns desquels les couleurs en émail imitent les effets de la peinture, et qui, réunis par des plombs, forment des tableaux transparens d'une richesse de coloris, d'une vigueur de tons, égales aux vitraux anciens des meilleurs temps. Ou bien, il livre au commerce, et pour les usages les plus journaliers, des feuilles de verre d'un jaune uni, clair ou foncé, de vingt-sept pouces de haut, sur dix-neuf de large et de trois quarts de lignes d'épaisseur ; des feuilles de verre dans les mêmes dimensions, enrichies de dessins à jour, sur un fond dépoli, des couleurs les plus vives et du plus délicieux effet ; des rosaces, des bordures, etc.

Nous n'avons pu qu'être étonnés de la variété des productions qui sortent des ateliers de M. Billard, de leur richesse de dessin ou de coloris, et de la modicité relative de leurs prix. Les imitations des anciens vitraux sont vraiment peu coûteuses, en égard à la longueur, à la difficulté et aux soins qu'exigent ces travaux. Nous ne pouvons en indiquer la somme, parce que la valeur doit nécessairement varier en raison de la nature des tableaux, et suivant la manière dont l'exécution doit en être soignée. Il faut toujours considérer deux valeurs dans l'appréciation des produits de la peinture en émail ; la valeur du tableau, comme composition d'art, du dessin ; et la valeur de la peinture en émail comme procédé d'exécution, la peinture inaltérable exigeant habileté particulière, qui ajoute nécessairement au coût du produit.

Il est certain que si on adjoint pour peintre à M. Billard, M. Abel de Pujol, par exemple, afin d'avoir un tableau de sa composition, ce vitrage sera d'un autre prix, comme aussi d'une autre valeur ; que si, pour avoir un vitrage de la même dimension, on se contente de faire exécuter la composition par un artiste ordinaire, ou, ce qui est beaucoup plus économique encore, si on se borne à traduire en verres coloriés et peints quelque composition connue, et dont on prend une copie plus ou moins exacte.

M. Billard a exposé deux vitraux gothiques parfaitement restaurés, et dont la moitié était absolument neuve.

Un *saint Évêque*, tableau de quatre-vingt-dix pieds de surface.

Une *adoration des Anges*, une *sainte Catherine*, un *saint Michel protecteur*.

Ces tableaux, qui sortent de la classe des peintures pour monumens, sont véritablement ce qu'il y a de plus parfait en moderne peinture sur verre.

COLVILLE, à Paris, 24, rue des Vinaigriers. — Mention honorable en 1834. — Couleurs pour peindre sur porcelaine, émail, verre et toutes sortes de poterie. — M. Colville, qui, en 1834, obtenait la mention honorable pour ses couleurs vitrifiables pourpre et bleu mat, s'est encore fait remarquer cette année par la bonne qualité de ses produits. M. Colville, peintre et chimiste distingué, fabrique les couleurs pour peindre sur porcelaine, émail, lave, verre, et toute espèce de poterie. Ces couleurs, qui se mélangent parfaitement, sont remarquables par leur éclat et très-recherchées dans le commerce. La palette sur porcelaine et émail, qu'il avait mise à l'exposition, ne laissait rien à désirer. M. Colville est le seul qui possède le secret de la fabrication du beau bleu foncé pur de cobalt, dit *Dumont*, que les Anglais nomment par méprise *smalt*. Ce bleu, qui peut également être employé pour les peintures à l'huile et à l'aquarelle, est de la plus belle nuance qu'il soit possible d'imaginer.

THIBAUD (Émile), à Clermont-Ferrand (Puy-de-Dôme). Correspondant à Paris, M. Félix Buchellery, 20, rue Basse-du-Rempart. — M. Émile Thibaud, membre de l'Académie de Clermont et de plusieurs sociétés savantes, est auteur de recherches historiques sur les vitraux peints, anciens et modernes. Sa manufacture de vitraux peints est le premier établissement de ce genre qui ait été formé dans une province privée de toutes les ressources artistiques de la capitale, et qui ait reçu une aussi grande extension. En moins de quatre années, il a livré à diverses églises du Puy-de-Dôme, du Jura, de l'Allier, de la Loire, du Cher, de l'Ain, de la Creuse, soixante-quatre fenêtres de toutes dimensions, dont seize à personnages, exécutées dans le style du moyen-âge. A cette courte statistique, il convient d'ajouter les grands travaux de restauration ou de création nouvelle, exécutés dans les cathédrales de Clermont et de Moulins, travaux commandés par le ministère des cultes. La dernière fenêtre, placée dans la cathédrale de Clermont, a environ trente mètres de superficie ; elle contient trois figures de trois mètres de hauteur placées sous des dais d'architecture gothique.

Ces travaux ont été appréciés à leur juste valeur, et récompensés par le congrès scientifique de France, qui, pendant la session de septembre 1838, a décerné une médaille d'encouragement à M. Émile Thibaud. Les vitraux qu'il a exposés cette année dans les salles des produits de l'industrie sont peu importans en eux-mêmes ; mais ils présentent un spécimen et peuvent donner une idée de la manière dont sont traités ces travaux dans la manufacture. L'un est le portrait en pied d'Anne de France, duchesse de Bourbon, fragment d'un vitrail exécuté pour la Sainte-Chapelle de Bourbon-l'Archambault. Ce vitrail est composé dans le style de la fin du XVe siècle ; l'autre représente une *Annonciation* dans le style des grisailles de cette même époque. Deux carreaux d'appartement, l'un contenant un sujet, l'autre une inscription, donnaient une idée suffisante des travaux de cet établissement de peinture sur verre. Il est essentiel d'ajouter que M. Émile Thibaud s'est principalement attaché, en faisant bien, à faire aussi à bon marché. Par des combinaisons et des termes moyens calculés à l'infini, les paroisses les moins riches peuvent, aussi bien que les cathédrales les mieux dotées par le gouvernement, arriver à se parer de verrières peintes, et il est facile de comprendre que de semblables travaux, exécutés dans la solitude d'une province, peuvent soutenir, avec un avantage marqué, la concurrence avec des travaux de même genre exécutés à Paris. D'ailleurs, un artiste distingué, élève de Gros, est chargé de représenter la manufacture à Paris, et de s'entendre avec les personnes qui désireraient faire exécuter des vitraux dans quelque genre ou pour quelque destination que ce soit.

Nous n'avons pas besoin de recommander au public la manufacture de vitraux peints que M. Émile Thibaud a fondée à Clermont-Ferrand ; nous sommes trop intimement persuadés que l'administration, les établissemens publics et les amateurs de ce genre majestueux et splendide de décoration, ne laisseront pas échapper l'occasion d'encourager ce jeune artiste, de lui donner des témoignages éclatans d'intérêt, et de le soutenir dignement dans la carrière difficile, mais pleine d'avenir, qu'il semble avoir embrassée par une vocation toute spéciale.

DUTREMBLAY, grand'-rue de Chaillot, à Paris. — Peinture sur porcelaine.

JULIENNE-MOUREAU, à Paris, 50, rue du Bac. — Verrerie et cristaux peints par un nouveau procédé. — M. Julienne-Moureau fut admis à l'exposition de 1834 pour son invention du décor napolitain sur porcelaine et pour ses étrusques d'un nouveau goût ; il y obtint une mention honorable, et le rapport s'exprimait ainsi qu'il suit sur son compte : « Au milieu du mauvais goût, qui n'a pas plus épargné la peinture sur porcelaine que les » autres applications des beaux-arts, M. Julienne-Moureau a su reproduire la beauté des » formes et les décorations gracieuses qui caractérisent le style et les couleurs propres à la » Grèce antique. » Or, M. Julienne-Moureau a voulu, cette année, mériter des éloges encore plus flatteurs ; et, non content d'avoir perfectionné ses étrusques, qui lui avaient mérité une médaille d'argent à Valenciennes, d'avoir ajouté à la grace de forme de ses cristaux dorés qui ont su plaire à tout le monde et attirer l'attention des princes d'Orléans et de Montpensier, ce fabricant a exposé de charmans cristaux, or et platine ; c'est une idée ingénieuse de son invention, qui nous semble appelée à un succès de vogue.

VION, à Paris, 10, rue de Bondi, impasse de la Pompe. — Décors sur porcelaine, services de table et de fantaisie, porcelaines pour bronze doré et pour meubles. — Avec la porcelaine, on peut produire des objets de luxe, de la beauté la plus parfaite, du goût le plus exquis ; mais, malheureusement, depuis plusieurs années, il s'est créé une quantité de formes nouvelles, surtout dans les fabriques des environs de Limoges, lesquelles sont lourdes, peu élégantes, chargées de moulures en relief, de manière à ne plus laisser de place pour y ajouter quelque peinture ou les décorer avec grace.

Depuis un an, M. Vion s'occupe de créer des formes et des décorations nouvelles, mais légères, simples et soigneusement exécutées. Les produits de cette nature, qu'il a exposés, comme décors, services de table, fantaisies, porcelaines pour bronzes et pour meubles, lui ont mérité les suffrages de tous les gens de goût.

DISERY-TALMOURS, à Paris, 68, rue Popincourt. — Divers échantillons de porcelaines. — Cette manufacture de porcelaine jouit d'une réputation justement acquise.

On lui doit la découverte de plusieurs procédés chimiques dont elle a enrichi le domaine de l'industrie.

Le superbe service de table bleu de Sèvres exposé par M. Disery-Talmours, est le résultat d'un des plus beaux succès de nos inventions modernes ; exécuté par le nouveau procédé de M. Disery, il a été fait en dix heures de temps, et cuit, porcelaine et bleu, à un seul feu. Les industriels ont apprécié facilement l'importance de cette découverte digne du plus grand intérêt, et apprécieront l'économie qui en résulte.

Nous devons aussi à cette manufacture l'existence de quantité de couleurs au grand feu, inconnues jusqu'à nos jours ; toutes sont obtenues par le même procédé et possèdent les mêmes avantages de richesse, d'éclat et d'économie.

On doit encore à cette manufacture plusieurs autres découvertes qui ont été le sujet des méditations des professeurs de chimie les plus distingués ; ajoutons, au surplus, que, sur la majeure partie des pièces admises à l'exposition, sont reproduites les différentes améliorations ou innovations dues aux études pratiques de M. Disery.

DESFOSSÉS Frères, à Paris, 72, rue de Bondi. — Couleurs pour peindre sur porcelaine. — Les couleurs vitrifiables pour peindre sur porcelaine, exposées par MM. Desfossés frères, ont été remarquées par les connaisseurs. On a surtout admiré une couleur, bleu turquoise, spécialité de la maison Desfossés frères, un vert de chrôme et un noir. MM. Desfossés frères excellent dans la fabrication de ces deux couleurs, les plus nécessaires peut-être aux artistes peintres sur porcelaine. On peut dorer au petit feu sur toutes les couleurs qui sortent de la fabrique de MM. Desfossés frères : cette importante amélioration a valu à ces messieurs un certificat signé des chefs des vingt premières maisons de la capitale, qui atteste mieux que tout ce que nous pourrions dire jusqu'à quel degré de perfection MM Desfossés ont porté leur fabrication.

TINET, à Paris, 29, rue du Bac. — Porcelaines chinoises et cristaux ornés en tous genres. — Les porcelaines chinoises exposées par M. Tinet attiraient les regards des visiteurs de l'exposition ; cependant nous ne pouvons nous déterminer à donner des éloges à ces bizarres innovations qui n'ont d'autre mérite, à nos yeux, que celui d'un assemblage barroque de formes et de décorations. Les cristaux ornés de M. Tinet nous ont paru d'un goût meilleur.

BARBEREAU, à Paris, 9, rue Grange-aux-Belles.—Vases en terre cuite et en porcelaine, plaqués, argent, vermeil ou vermeil sur cuivre. — Long-temps les Anglais seuls eurent le secret de revêtir les vases en terre cuite et en porcelaine de couleurs brillantes qui les faisaient valoir sur les marchés étrangers. M. Barbereau est parvenu enfin à donner, en France, aux vases composés des matières les plus grossières, ainsi qu'aux vases de porcelaine, l'éclat de l'argent vermeil. Le procédé qu'il emploie, et pour lequel il a obtenu un brevet d'invention, donne des résultats vraiment merveilleux. Les vases plaqués argent-vermeil, ou vermeil sur cuivre, que M. Barbereau avait exposés, prouvent à quel degré de perfection ont atteint ses procédés de fabrication.Les tasses à café et pour déjeûner, les bols pour potage, attiraient surtout l'attention des curieux. Les pieds des vases qui composent le déjeûner supportent les armoiries de comte, de vicomte, de baron, etc.

Le procédé de M. Barbereau peut s'appliquer à toutes sortes de vases, quelle que soit leur dimension. La famille royale, dans sa dernière visite à l'exposition, s'est arrêtée avec intérêt devant ces produits, et elle a adressé à l'auteur des paroles d'encouragement.

PÉRÉMÉ (A.), seul dépositaire, 10, rue du Faubourg Montmartre. — Peinture sur porcelaine, vases, services. — Parmi les pièces capitales en porcelaine qui figuraient à l'exposition, on remarquait les deux grands vases de la manufacture de Villedieu (Indre), décorés au dépôt de Paris. Ces vases, cuits d'un seul bloc, ont, indépendamment de leur beauté, comme forme et comme décor, le mérite d'une double difficulté vaincue : celle de la confection du vase en lui-même, et celle de la peinture si heureusement réussie (double et triple cuisson). Les produits de cette manufacture se distinguent par la beauté du blanc, la finesse de l'émail, la richesse unie à la pureté des formes. Il paraît que cette manufacture, de tout temps renommée, a pris un nouveau développement entre les mains de M. P. Louault, son nouveau propriétaire, qui vient d'y ajouter des ateliers de nouveautés, et d'en confier la direction à M. Dubois, ancien directeur de la fabrique Margaine, artiste bien connu par les heureuses inspirations de son imagination. M. Pérémé, qui tient le dépôt de Paris, semble avoir pris à tâche de perfectionner le décor et d'amener une véritable révolution dans la peinture sur porcelaine.

CHAPELLE, 19, rue du Faubourg Saint-Denis. — Porcelaines peintes et dorées. — Ce fabricant, qui depuis plus de trente ans s'occupe spécialement des perfectionnemens de son industrie, avait exposé, cette année, des produits de sa fabrique qui ont attiré l'attention des connaisseurs. Déjà il avait obtenu, en 1834, une mention honorable ; sa maison, connue en France et à l'étranger, occupe annuellement de vingt-cinq à trente

peintres et décorateurs, et douze à quinze brunisseuses, tant pour les porcelaines que pour les cristaux; elle est en possession de fournir un choix infini des plus beaux modèles, bien confectionnés, et avec garantie pour les dorures.

Nous avons remarqué notamment, à l'exposition de M. Chapelle, une machine à broyer (dans la dernière perfection) les couleurs à peindre sur les porcelaines et les émaux, avec une économie de 40 à 50 p. %; c'est au point qu'un homme peut, en un jour, broyer, avec cette mécanique, ce qui nécessiterait quarante journées de travail par la voie routinière en usage. Ce qui revient à 140 fr. ne coûte que 8 fr. de main-d'œuvre à M. Chapelle. Voilà tout le secret du prix minime auquel ce fabricant a mis ses couleurs.

LAHOCHE-BOIN, ancienne maison Desarnaud, à Paris, 152, 153, Palais-Royal, galerie de Valois. — Médaille d'or en 1819. — Taille de cristaux et décoration de porcelaine, caves à liqueurs, etc. — Parmi les divers objets exposés par le propriétaire de l'établissement de l'escalier de cristal, établissement depuis long-temps fort avantageusement connu, on remarque le meuble dont nous donnons le dessin à nos lecteurs; c'est une cave à liqueurs, contenant vingt verres et quatre flacons; rien de plus joli, de plus gracieux que ce petit meuble qui peut être placé partout, dans un appartement fashionable, et qui est tout-à-fait digne de l'ancienne renommée de la maison dirigée aujourd'hui par M. Lahoche-Boin qui offre, comme par le passé, un choix élégant et varié de services de table en porcelaine décorée, de cristaux, bronzes, objets de fantaisie et articles de grande nouveauté, convenables pour étrennes.

GOUVRION (Auguste), à Paris, 57, rue du Faubourg du Temple. — Atelier de peinture, décor et dorure sur porcelaine. — M. Gouvrion, jeune artiste rempli d'avenir, et que nous ne saurions trop recommander à nos lecteurs, avait exposé une garniture de cheminée en porcelaine peinte et décorée, composée d'une pendule et de deux vases, et plusieurs articles de nouveautés, qui nous ont paru sortir tout-à-fait du genre de ce qui se fait habituellement; la pendule et les vases ont surtout attiré notre attention; rien, en effet, ne nous a paru décoré avec plus de goût, plus de délicatesse, et d'exquise nouveauté. On trouve toujours chez M. Gouvrion un choix considérable et varié de nouveautés en tous genres, remarquables comme tout ce qui sort des ateliers d'un artiste habile et consciencieux.

ROUSSEAU, à Paris, 108, rue Ménilmontant. — Peinture et dorure sur porcelaine. — M. Rousseau applique, par un nouveau procédé, la couleur bleue et l'or sur la porcelaine; ses décors sont du meilleur et du plus nouveau goût.

SIMON, à Paris, 13, boulevart Montmartre. — Peinture et dorure sur porcelaine. — M. Simon tient magasin de cristaux, faïence et verrerie.

HANOTET DE VAREIGNE, à Montreuil-sous-Bois (Seine). — Couleurs diverses à fond, grand feu sous émail. — Ces couleurs sont remarquables par l'éclat et la vivacité de leurs nuances et peuvent être livrées à des prix modérés.

HACHETTE, à Paris, 115, Faubourg Saint-Martin. — Médaille d'argent en 1834. — Laves émaillées et peintes avec couleurs vitrifiées, poêles, intérieurs de cheminées. — L'art de la peinture vitrifiable a pris un grand développement entre les mains de M. Hachette, gendre de M. Mortelèque, dont, à notre grand regret, les produits, si admirés en 1834, n'ont pas figuré à l'exposition de 1839. M. Hachette avait exposé une belle collection de meubles et d'ornemens très-remarquables en laves moulées.

POCHET-DEROCHE, à Paris, 16, rue Jean-Jacques Rousseau. — Mention honorable en 1834. — Articles de verreries, inscriptions, étiquettes vitrifiées, sur flacons, sur vitres, etc. — M. Lutton, l'un des plus habiles faïenciers, a le premier su fixer, sur les flacons des pharmacies et des laboratoires, des inscriptions et des étiquettes en couleurs vitrifiables, et par conséquent en matière inaltérable ; il a créé ce genre de travail, maintenant très-répandu. M. Pochet-Deroche a porté la même industrie plus loin encore que M. Lutton, quant à la variété des formes et des couleurs, quant à la perfection, à la solidité, enfin quant au bon marché : la réduction de ses prix n'est pas moindre de 60 p. %.

MARCHAL et GUGNON, à Metz (Moselle). — MM. Marchal et Gugnon avaient exposé un tableau représentant une figure prise à la cathédrale de Metz, exécuté sur verre. Cette peinture, admirée de toutes les personnes qui ont visité l'exposition, révélait d'habiles artistes, de dignes émules de MM. Billard et Emile Thibaud.

DEPIERRE, à Paris, 13, quai Malaquais. — Réparation d'anciens vitraux. — Beaucoup de personnes possèdent des fragmens d'anciens vitraux dont elles ne savent que faire ; les vitraux d'anciens châteaux, d'anciennes cathédrales, sont dans un tel état de vétusté que bientôt il n'en restera plus rien : M. Depierre se charge de réparer, par des procédés qui lui sont propres, ces vieux monumens qui rappellent à nos souvenirs les époques passées. Ses prix sont modérés et son travail est irréprochable : ces deux qualités doivent lui mériter tous les suffrages.

CHAPITRE TROISIÈME

PAPETERIE.

❊

SECTION PREMIÈRE.

Si les livres et les journaux sont aujourd'hui entre les mains de tout le monde et à la portée des fortunes les plus modestes, c'est au progrès de la papeterie qu'on le doit. L'invention de l'imprimerie était une admirable invention ; mais que son importance eût été moins grande si la papeterie fût restée stationnaire ! La papeterie, dans le grand mouvement intellectuel qui se fait sentir aujourd'hui en Europe, et dont la presse est l'agent le plus puissant, peut, à juste titre, revendiquer une grande part, une part bien plus grande que ne l'imaginent ceux qui ne recherchent pas la cause des révolutions.

Qui a découvert le papier ? On ne le sait. Quelques-uns disent que se sont les Chinois, d'autres les Sarrazins d'Espagne. Quoi qu'il en soit, il paraît que lors des croisades quelques prisonniers français furent employés chez un Sarrazin qui fabriquait du papier, et que de retour en France, ils montèrent les premières papeteries. On rapporte qu'ils étaient au nombre de dix ou douze, et que parmi eux se trouvaient les Montgolfier, souche de la famille actuelle, qui s'établirent au village de Montgolfier, en Auvergne, les Malmenaide et les Falguerolles, noms que l'on retrouve encore dans la même industrie.

Il y a loin du papier d'autrefois à celui d'aujourd'hui ; voici comment on faisait le premier :

On détachait avec une aiguille, d'un roseau grand et majestueux, connu sous le nom de *cyperus papyrus,* en feuillets très-minces, l'intérieur de l'écorce ; on plaçait ces feuillets à côté l'un de l'autre dans la direction longitudinale de leurs fibres, on en collait les bords pour les lier ensemble, et on y appliquait sur l'autre surface à angles droits d'autres feuilles, afin de leur donner plus de force. Ces feuilles étaient ensuite pressées, séchées pliées, et formaient le papier. Ce papier n'a rien de commun avec le nôtre, si ce n'est que la fibre végétale sert de base à l'un et à l'autre.

La France pendant le XVIIᵉ siècle, fournissait du papier à presque toute l'Europe. Après la révocation de l'édit de Nantes il n'en fut plus ainsi : nos malheureux compatriotes avaient porté au dehors leur industrie et leur or. L'Angleterre parvint en peu de temps à s'élever au-dessus de nous dans la fabrication du papier ; et nous avons eu depuis, beaucoup de peine à pouvoir la surpasser. Les grands progrès dans la papeterie datent de l'invention des machines et de quelques procédés chimiques. C'est à MM. Montgolfier, Johannot, Canson, Delatouche, F. Didot, etc. qu'elle doit les premiers et les plus importans.

Il y a un grand nombre d'espèces de papiers et il n'est pas facile de connaître leur véritable mérite. Le format se reconnaît au coup-d'œil ; le poids approximatif, au tact ; le collage, à la langue ; la couleur naturelle ou due au chlore ou chlorure, au blanc, à l'odeur ; la qualité et la finesse, à l'égalité de la pâte exempte de bulles. On divise les papiers en papiers collés et en papiers sans colle. Ces deux espèces de papiers ont un grand nombre de variétés selon les qualités, poids et formats, et se divisent en deux grandes catégories : les papiers fabriqués à la cuve et les papiers-mécaniques.

Dans les papiers fabriqués à la cuve sont compris les papiers vergés et les papiers vélins collés ou non collés. La fabrication de ces papiers est aujourd'hui fort avancée en France, et les produits de Rives, d'Annonay, d'Angoulême, de la vallée de Saint-Omer, de l'Auvergne et des Vosges, sont justement fort estimés. C'est à M. Montgolfier, l'aïeul et le père de l'inventeur des ballons, que l'on doit la découverte des papiers vélins. Il fit tisser le premier une toile de vélin et le premier il fit confectionner des feuilles qui furent dès lors exemptes de ces petites stries qui se remarquent dans les papiers vergés.

La fabrication du papier à la mécanique a amené une révolution dans la papeterie. Voici comment on est arrivé à cette belle invention. Pour triturer la pâte, on s'est longtemps servi de maillets, de moulins. Ce procédé était très-long. Vers le milieu du siècle dernier, Pierre Montgolfier importa les procédés hollandais pour le broyage des chiffons. Au moyen de cylindres garnis de lames d'airain ; tournant avec la plus grande vélocité sur une platine en bronze, dont la surface supérieure se trouve dentée un peu horizontalement, la pâte, par suite du mouvement du cylindre, tourne continuellement dans un cuvier oblong, que l'on nomme *pile*, et, par le mouvement, revient sans cesse se broyer entre le cylindre et la platine. C'était une grande amélioration : Il ne s'agissait plus que de la combiner avec la toile à vélin par une toile continue, et avec le collage à la cuve, admirable découverte des frères Canson d'Annonay, pour trouver la fabrication du papier à la mécanique. Cette toile fut trouvée en 1799, par Louis Robert, l'un des employés de la papeterie de Léger-Didot , à Essone. Elle suggéra l'idée de la mécanique. Léger-Didot, muni d'un brevet, passa en Angleterre. Ce fut là qu'associant ses idées au talent du célèbre Domkins, il parvint à trouver la machine. Elle fut importée d'Angleterre en France, en 1812, par M. Berthe ; mais elle était encore loin d'être parfaite. Le papier sortant de dessus la toile était mu sur un feutre tournant, puis s'enroulait, humide, sur une planchette, dont la surface variait suivant le format que l'on voulait faire ; on coupait le papier sur cette planchette, puis on le faisait sécher en feuilles sur des cordes tendues, comme dans l'ancien système. En 1823 , M. Maupou monta une machine complète à laquelle était appliqué le système de séchage à la vapeur. On s'empara de cette nouvelle découverte, et depuis la papeterie mécanique a donné à bas prix, et en peu de temps, des produits d'une qualité et d'une beauté étonnantes.

En 1837 , les exportations de la papeterie ont présenté les résultats suivans :

Cartons lustrés à presser les draps.   34,000 fr.
— de papier collé.   17,000
— dit papier mâché.   28,000
— coupé et assemblé.   248,000
Papier d'enveloppe à pâte de couleur.   202,000
— peint en rouleaux pour tentures.   1,702,000
— blanc et pour musique.   3,134,000
— de Chine et de soie.   3,000
— colorié pour reliures.   67,000

SECTION II.

PAPIERS D'IMPRESSION, A ÉCRIRE, ETC.

MONTGOLFIER , à Saint-Marcel-les-Annonay , Grosberty-les-Annonay (Ardèche), Saint-Maur, près Paris (Seine). — Médailles d'or en 1801 , 1806 , 1819 et 1823. — Échantillons de papiers divers. — La maison Montgolfier possède, à Annonay, deux usines importantes , celles de Saint-Marcel et de Grosberty. Ces deux établissemens renferment quatre cuves à la main et deux machines à papier, système Didot, avec sécheurs à vapeur en fonte ; ces machines sont complètes, avec les perfectionnemens les plus récens adoptés soit en France , soit en Angleterre , et notamment avec des pompes à air, qui permetten de faire immédiatement les cartons les plus forts. Quatorze piles de cylindre et vingt-quatre piles de moulin mises en activité par de puissans moteurs hydrauliques sont employées à la trituration annuelle de quatre cent quarante mille kilogrammes de chiffon, qui produisent trois cent trente mille kilogrammes de papier d'une valeur de cinq à six cent mille francs. Trois cents ouvriers des deux sexes sont occupés dans ces deux établissemens, et leurs familles entières y sont logées. La maison Montgolfier est en outre copropriétaire de la fabrique à papier de Saint-Maur, près Paris, construite en 1827. Cet établissement, avec une force motrice de près de cent chevaux, a deux machines à papier, système Didot, et est alimenté par douze piles de cylindre et un puits artésien. Il emploie cent cinquante ouvriers et consomme annuellement environ sept cent mille kilogrammes de chiffon représentant cinq cent mille kilogrammes de pâte triturée qui produisent cinq à six cent mille francs de papier ordinaire pour les pliages, les journaux, l'impression courante, la tenture, etc. Ses produits se consomment à Paris et dans les environs.

Tous les départemens du Nord et du Midi de la France concourent à l'écoulement des produits de la maison Montgolfier d'Annonay. Son dépôt est établi à Paris, rue de Seine-Saint-Germain, n° 14 *bis*. Une partie de ses papiers de luxe s'exporte dans les pays étrangers.

La position centrale des manufactures d'Annonay leur permet de tirer alternativement leurs matières premières des départemens méridionaux et de ceux du centre de la France. Les chiffons de chanvre, de lin, de coton, sont employés concurremment dans la fabrication de leurs plus beaux papiers; à l'aide de puissans blanchimens, les cordages, le chanvre, les chiffons colorés concourent au même but.

Depuis plusieurs siècles, la maison Montgolfier s'occupe de la fabrication du papier; ses ancêtres reçurent, en raison de leur industrie, une médaille d'or des états du Languedoc, et furent ennoblis par Louis XVI. Cette maison a obtenu des médailles d'or à toutes les expositions dans lesquelles elle a présenté ses produits, savoir: en l'an IX (1801), en 1806, 1819 et 1823.

La maison Montgolfier fabrique à la fois les papiers pour le dessin et le lavis, pour calquer, pour la lithographie et la taille-douce, les registres du commerce, les cartes à jouer, la correspondance, l'impression, la musique, soit écrite, soit imprimée, des rouleaux pour papiers de tenture, et d'autres pour les grands dessins, tels que ceux des chemins de fer, des papiers pour les écoles, pour pliages et cartonnages de soieries; enfin elle fabrique des papiers colorés en pâtes des plus belles nuances, pour dessins et albums, pour lettres, pour couvertures de livres brochés, etc., etc.

LACROIX Frères et GAURY, à Angoulême (Charente), dépôt à Paris, 20, rue Dauphine. — Médaille de bronze en 1823, rappel en 1834. — Échantillons de papiers divers. — Les établissemens de Saint-Cybard et de Saint-Michel existent, de père en fils, depuis quarante-cinq ans; leurs produits ont joui d'une réputation constante. Alors que M. Lacroix jeune, père, les dirigeait, ils furent honorés successivement de plusieurs médailles. A l'exposition de 1834, MM. Lacroix frères, qui ne fabriquaient à cette époque que des papiers à la forme, obtinrent à leur tour une médaille de bronze pour leurs papiers de couleur, et notamment pour la découverte qu'ils avaient faite du moyen de glacer les papiers; procédé inconnu jusqu'alors en France.

Mais, depuis 1834, les papeteries de Saint-Cybard et de Saint-Michel ont pris encore un notable accroissement; leurs produits se sont multipliés, en même temps que MM. Lacroix et Gaury s'étudiaient à apporter, chaque jour, des perfectionnemens nouveaux dans les diverses spécialités de leur art. C'est un fait que nous ont confirmé les divers échantillons de papiers qu'ils avaient exposés sous le n° 691.

Par exemple, ces messieurs ont présenté plusieurs feuilles *filagrammées* obtenues à *la mécanique.* Ils ont voulu prouver, par là, que les filagrammes à la mécanique n'étaient plus chose impossible; toutefois il ne serait pas prudent d'inférer de là qu'on pût, à la rigueur, faire de ce genre de papier l'objet d'une fabrication facile et courante. Il en peut être autrement du *papier végétal* dont ils exposent aussi quelques feuilles d'essai; cette fabrication ne leur présentant plus aucune difficulté, devient susceptible de prendre, entre leurs mains, d'assez grands développemens.

En résumé, l'inspection attentive que nous avons faite des échantillons divers exposés par Saint-Cybard et Saint-Michel, nous a convaincu que ces fabriques se vouaient plus particulièrement à la fabrication des papiers à lettres; c'est même cette spécialité qui leur assigne le rang le plus distingué parmi nos papeteries de France; il n'est sortes d'améliorations et de perfectionnemens essentiels qu'elles n'aient apportés dans ces papiers de luxe qu'elles produisent en variétés infinies, remarquables toutes par la consistance, l'éclat de blancheur, la pureté d'azur ou la beauté des couleurs. Ces papiers de luxe, qui avaient attiré déjà l'attention du jury lors de l'exposition de 1834, ne le cèdent maintenant en rien aux papiers anglais, dons on nous a si long-temps vanté la supériorité. C'est aussi dans les fabriques de Saint-Cybard et de Saint-Michel que viennent particulièrement s'approvisionner les premières maisons de papeterie de la capitale, pour livrer ensuite à la consommation du monde fashionable ces mille et délicieux papiers blancs ou de couleur, après les avoir façonnés elles-mêmes avec tant de goût et d'art.

Mais nous devons signaler, en passant, parmi les produits de MM. Lacroix frères et Gaury, deux échantillons de papiers de natures tout opposées. L'un d'eux est un *papier parchemin,* ainsi appelé à juste titre, parce qu'il imite en réalité le parchemin et par sa couleur et par son épaisseur. Ce genre de papier devra servir désormais pour les plans d'architecture, pour les actes, en un mot, pour tout papier ou manuscrit destiné à servir d'archives. L'autre est une *pelure* extrà-fine, infiniment supérieure, en *minceur,* aux belles pelures de Hollande. Chacun de ces échantillons n'est pas un pur-tour de force, un simple essai de la part de ces manufacturiers; ils sont en mesure de fournir, en fortes parties, ces deux sortes de papiers au commerce.

Un dernier point important, sur lequel nous devons insister en terminant, c'est que ces fabricans ont déclaré que tous les divers échantillons qu'ils exposent, représentent identiquement les qualités de papiers dont ils alimentent journellement les papeteries de Paris; qu'en outre, en fournissant au commerce ces qualités d'une supériorité de 20 p. °/₀ au

moins, leurs cotes de prix sont cependant réduites de 25 p. °/₀ sur les sortes analogues qui se vendent en concurrence. Cette dernière considération nous amène à regretter qu'en France la fabrication des beaux papiers de luxe ne jouisse pas de plus d'encouragement. Le nombre des consommateurs éclairés est si restreint !

L'exposition des produits de Saint-Cybard et de Saint-Michel, à Bordeaux, a valu à ces établissemens une médaille d'argent, que leur a décernée la Société Philomathique.

CALLAUD-BÉLISLE, SAZERAC et Cⁱᴱ, à Veuze et Maumont (Charente). — Médaille d'argent en 1834. — Papiers de différentes qualités.— MM. Callaud-Bélisle, Sazerac et Cⁱᵉ, propriétaires des belles manufactures de Veuze et Maumont, où trois mécaniques sont en constante activité, ont exposé des papiers de tout genre et de toutes qualités, tels que papier pour lavis, plans, dessin, correspondance, fantaisies, lithographie, impression de luxe, et huit rouleaux de cent et quelques mètres chacun de long, et de toute la largeur de leur mécanique.

On remarquait, parmi leurs produits, un rouleau de papier à calquer, dit *végétal*, extraordinairement mince et d'une grande transparence, sans fronces ni godes, et parfaitement satiné; un rouleau de papier de chanvre très-blanc, d'une grande pureté et finesse; un rouleau de carton, dit *de Bristol*; quatre rouleaux couleurs rose, vert, bleu, jaune, et un rouleau de papier blanc; ces cinq derniers rouleaux sont tous filagrammés, et leur vergeure représente l'effigie de Louis-Philippe Iᵉʳ, roi des Français, et la raison sociale Callaud-Bélisle, Sazerac et Cⁱᵉ. Ces empreintes sont faites par un nouveau procédé qu'ils viennent d'inventer, et pour lequel ils ont demandé un brevet de perfectionnement et d'addition; ce procédé est une découverte très-importante, à l'aide de laquelle on peut produire dans le papier toutes les marques et tous les dessins que l'on désire, et toutes les rayures, vergeures avec transfils. Ces divers genres manquaient jusqu'à ce jour aux papiers mécaniques. Ces fabricans peuvent aujourd'hui faire le papier, par mécanique, pour billets de banque, effets de commerce, papier timbré; ils font aussi, pendant la fabrication même et au transparent, comme pour les papiers à la main, les filagrammes en couleur et les dessins avec ombre. Ces fabricans sont parvenus à placer parfaitement les marques aux endroits demandés.

Notre attention s'est également portée sur du papier de soie très-mince pour mettre sur les gravures, et du papier propre à transporter les gravures sur la porcelaine et la faïence; tous ces papiers sont d'une pâte extrêmement pure, bien lisse, d'une grande ténacité, d'un beau blanc ou ayant de belles couleurs. Les papiers exposés par MM. Callaud-Bélisle, Sazerac et Cⁱᵉ, dont on admirait à juste titre la perfection, font eux-mêmes l'éloge des procédés que ces fabricans mettent en usage puisqu'ils représentent leur fabrication habituelle. Il n'y avait là ni choix ni apprêt, et l'on pouvait examiner des feuilles de papier de plus de cent mètres de long et exemptes de tout défaut. Certes nous croyons qu'il est plus facile d'apprécier équitablement ces produits, que de juger une fabrication d'après des échantillons souvent choisis sur de grandes quantités de papier.

MM. Callaud-Bélisle, Sazerac et C¹ᵉ, sont les premiers qui aient introduit les mécaniques à papier dans le département de la Charente-Inférieure. Leurs produits ont été remarqués à l'exposition de 1834, sous la raison Callaud-Bélisle puîné et fils frère, où ils ont obtenu la médaille d'argent. Loin d'être restés stationnaires, ils introduisent chaque jour de grands perfectionnemens dans leur fabrication, fondée sur les bases les plus économiques. Depuis un an, ces fabricans ont découvert près de leur usine de la tourbe d'excellente qualité qu'ils font exploiter eux-mêmes, et qui remplace à moins de frais la houille qu'ils tiraient d'Angleterre. MM. Callaud-Bélisle, Sazerac et C¹ᵉ. sont encore les seuls industriels qui, dans le département, exploitent et emploient ce combustible.

Ces deux usines, situées près l'une de l'autre, sur un cours d'eau rapide, sont visitées annuellement par un grand nombre d'étrangers, et occupent un rang distingué parmi les établissemens qui honorent notre industrie.

BRETON Frères et C¹ᵉ, à Pont-de-Claix (Isère). — Echantillons de papiers divers. — Cette fabrique, établie en 1822 par M. Breton et ses fils, a été constituée en commandite en 1838; MM. Breton fils, Jules et Paul, en sont les gérans.

Elle contient aujourd'hui quatre cylindres à triturer, et une machine à papier continu, avec séchoir apprêteur, et les perfectionnemens apportés à ces machines dans les dernières années.

Le genre de fabrication de cet établissement comprend tous les papiers d'écriture, soit pour lettres, soit pour registres, soit pour les écoles; les papiers *pelure* sans colle pour copier les lettres, papiers pour dessins et lavis, papiers en rouleaux pour la fabrication des papiers peints, papiers sans colle pour la typographie, autres pour la taille-douce et la lithographie, et, depuis peu de temps, un papier imitant le papier de Chine, et pouvant remplacer avantageusement ce dernier, d'après l'avis des principaux artistes lithographes et imprimeurs en taille-douce qui l'ont essayé et l'ont adopté exclusivement. On peut donc espérer que non-seulement la France sera affranchie du tribut qu'elle paie pour ce dernier objet à l'étranger, mais encore que la supériorité de ce nouveau produit fera époque dans cette branche importante des beaux-arts.

Le seul dépôt à Paris du papier *Chine français,* est chez MM. Lemercier, Bénard et C¹ᵉ, imprimeurs-lithographes, rue de Seine-Saint-Germain.

COURT (J.-D.), à Renage (Isère). — Papeterie. — Le genre de produits de l'établissement consiste en papiers fins, d'un usage général et courant, pour lettres, registres, états, ministre, plans, dessin, etc., etc. Les papiers exposés n'ont point été fabriqués exprès, ils sont tels qu'on en expédie tous les jours de la manufacture.

L'établissement a une machine à vapeur, et occupe quatre-vingts ouvriers.

Il a été fondé en 1835, par M. Court, qui n'avait que vingt-quatre ans, et qui était depuis plusieurs années chez M. Canson, à Annonay.

Commencée en avril, sur une prairie d'un accès difficile, sans habitation, sans prise d'eau, ni canal de dérivation antérieurement existans; dix mois après, en février 1836, la manufacture faisait du papier.

Les obstacles qui ont été surmontés, l'activité qui a été déployée, l'argent que les constructions et une nouvelle source d'occupations, ont répandu dans la commune de Renage, ont attiré sur elle l'attention de la contrée, et mis au jour sa position favorable pour des établissemens analogues, ont stimulé les habitans de la commune, leur ont fait soupçonner qu'ils pouvaient améliorer l'état où ils se trouvaient. Des habitations blanchies, restaurées, agrandies récemment, marquent une louable émulation.

Quoique la commune de Renage fût située sur la ligne la plus directe et qui eût le moins de pente, entre deux arrondissemens importans, entre les routes de Lyon à Grenoble et de Valence à Grenoble, cette commune était à peine accessible. Un beau chemin de grande vicinalité qui la traverse et forme la jonction entre les routes du nord et du midi de Grenoble, vient d'y être établi.

La commune n'a qu'une église en très-mauvais état, beaucoup trop petite pour réunir tous ses habitans; cette église va être restaurée et agrandie.

Le nouvel établissement, en appelant l'attention sur ces points, ou plutôt M. Court, en prenant l'initiative des souscriptions volontaires qui en ont montré l'urgente nécessité, a beaucoup contribué à l'adoption et à l'exécution de ces nouvelles œuvres.

KIÈNER Frères, à Colmar (Haut-Rhin). — MM. Kièner frères ont exposé plusieurs échantillons de papier blanc pour l'impression et l'écriture, qui nous ont paru d'une belle qualité. La fabrique de MM. Kièner frères est une des plus importantes du département du Haut-Rhin, et leurs produits, fabriqués avec tout le soin possible et des matières de premier choix, sont livrés au commerce à des prix très-modérés.

LATUNE et Cᴵᴱ, à Crest (Drôme). — Médaille de bronze en 1823, médaille d'argent en 1834. — Échantillons de diverses espèces de papiers. — MM. Latune et Cⁱᵉ ont exposé des papiers dont les qualités ne laissent presque rien à désirer. Ils ont un moteur hydraulique, trois cuves toujours alimentées par trois cylindres et douze piles de maillets; ils emploient plus de quatre-vingts ouvriers, logés dans l'établissement, et au moins dix manœuvres non logés. Ils ont établi, depuis plusieurs années, un atelier de réglure pour les registres et la musique.

AUDIBERT-VANCHEZ, à Divonne (Ain). — Mention honorable en 1834. — Échantillons de papiers divers pour l'impression et l'écriture, bien fabriqués et à des prix modérés.

MICHANT Frères, à Laval (Vosges) ; NIVET aîné et Cᴵᴱ, à Vraichamp, commune de Docelles (Vosges); TAVERNIER, OBRY et Cᴵᴱ, à Prouzel (Somme), ont exposé des papiers pour l'impression et l'écriture qui n'offraient rien de remarquable.

LA PAPETERIE DE LA SOCIÉTÉ ANONYME D'ÉCHARCON (Seine-et-Oise).—Médaille d'or en 1834.—Différentes espèces et qualités de papier.— Cette papeterie est fondée par une société anonyme; les constructions en sont vastes et parfaitement appropriées à leur destination ; le classement des ateliers, la division du travail, n'en sont pas moins remarquables. Une chute d'eau de l'Essone fournit une force motrice de cent quarante chevaux , force consacrée au travail de douze cylindres , quatre cuves, deux machines à papier continue, et vingt-deux presses en fonte. Deux cents ouvriers des deux sexes ajoutent leur force intelligente à cette puissance matérielle, pour produire tous les genres de papiers, qui représentent une valeur annuelle de sept cent vingt-deux mille francs. La grandeur de cette manufacture, modèle des perfectionnemens les plus récens , et la beauté de ses produits, lui ont valu, en 1834, la médaille d'or, et cette année elle nous a paru, malgré ses antécédens, en voie de progrès.

MENET (Henri) et Cᴵᴱ, à Essone (Seine-et-Oise). — Papiers divers.

MULLER, DROUARD et Cᴵᴱ, à Guerres, près Dieppe (Seine-Inférieure). — Médaille de bronze 1834. — Articles de papeterie, papiers d'impression, les plus beaux dans leur genre que l'exposition ait offerts ; papiers brouillards et papiers d'enveloppe pour la quincaillerie, faits avec plus de soin qu'on en a mis jusqu'à présent à ce genre de produits.

MONTGOLFIER, à Paris, 7, rue Feydeau. — Papiers pour tentures, impression et écriture, de belle et bonne qualité.

DIDOT (Firmin) Frères, au Mesnil-sur-l'Estrée (Eure), et à Paris, 56, rue Jacob. — Médaille d'or en 1834. — Papiers divers pour l'impression, l'écriture et le commerce. — L'établissement de MM. Firmin Didot frères date de 1827 seulement. Il est aujourd'hui complet ; il offre au commerce des papiers du plus grand luxe, et des papiers communs qu'il peut livrer à 4 fr. 50 c. la rame (papier pot).

La manufacture de MM. Firmin Didot frères fabrique le papier continu, par le secours combiné d'une force hydraulique et du travail de deux cent cinquante ouvriers, tous habitans de la campagne, et formés à cette industrie par ce célèbre typographe. La production annuelle s'élève à près de cent mille rames : c'est dans les ateliers du Mesnil-sur-l'Estrée que fut montée la première presse à sécher.

SECTION III.

PAPIERS DIVERS ET DE FANTAISIE.

DURIEUX, à Belleville, près Paris, 16, rue des Moulins. — Médaille de bronze en 1823, pour le papier glacé. — Papiers filagrammés, clairs, opaques et ombrés. — L'art du filagrammiste-papetier était resté jusqu'à ce jour dans l'enfance; à l'époque des assignats, plusieurs hommes de talent ont travaillé et concouru à la perfection des formes à papier, mais ils ont été loin d'obtenir un résultat qui pût offrir une garantie contre les faussaires.

En 1818, M. Durieux a fait des filagrammes factices qui, malgré leur beauté apparente, ne pouvaient donner aucune sécurité au commerce, vu la facilité de leur exécution, aussi y a-t-il renoncé. Ils présentaient d'ailleurs une grande différence avec ceux exécutés en papeterie, et les personnes qui ont un peu l'habitude de ce travail ne pourraient s'y tromper.

Aujourd'hui, les filagrammes que M. Durieux offre au public, sont une innovation en papeterie; on n'a encore rien fait de semblable en aucun pays, et ils présentent aux consommateurs une garantie d'autant plus grande, qu'ils seraient d'une difficulté désespérante à imiter par les contrefacteurs.

M. Durieux peut donc, au moyen de son procédé, retracer d'une manière satisfaisante un paysage, un monument, une vignette, une marine, un ornement, une armoirie, une figure, une allégorie, etc., et des lettres à l'usage des billets de banques ou de commerce, soit en opaques simples, opaques ombrés ou filagrammes clairs.

Le prix des diverses enseignes qu'il peut figurer sur une forme ne peut être établi d'avance, il dépendra de leur grandeur et de la difficulté qu'ils offriront; mais il peut assurer les fabricans qu'ils le trouveront toujours disposé à traiter avec eux aux conditions les plus modérées.

Lettres en filagramme clair :   2 fr. Lettres en filagramme clair-ombré : 8 fr.
     id.   id.   opaque : 6   id.   cursives entrelacées : 4

LECHEVALLIER, à Paris, 22, rue Hauteville. — Papiers et cartons ininflammables ; invention utile et susceptible de nombreuses applications.

CHAULIN, à Paris, 218, rue Saint-Honoré. — Papier hebdomas, encrier siphoïde. — Mention honorable en 1839, médaille d'honneur en argent, décernée par l'académie de l'industrie. On ne peut s'expliquer plus clairement sur cette utile invention que ne l'a fait le rapport d'une commission chargée par l'Athénée des arts d'examiner les encriers siphoïdes de M. Chaulin. Nous en citerons quelques termes ; parce qu'ils nous semblent résumer parfaitement le jugement que l'on doit en porter. « Les encriers siphoïdes de M. Chaulin, dit le » rapporteur, *sont les meilleurs qui aient encore été faits*. Leur forme préserve à la fois de la » poussière et de l'influence de l'air ; l'encre, qui s'y conserve toujours fluide et claire, » sans exiger ni soin ni entretien. Ils ont atteint le perfectionnement qui manquait à la » romaine et aux autres imitations du même genre, dont la structure imparfaite ne re- » médie pas à l'évaporation et laisse déborder l'encre. » Indépendamment de ces qualités respectives, M. Chaulin a donné aux encriers siphoïdes toute la coquetterie d'une fantaisie de luxe, voulant montrer que le siphoïde, modeste et ordinaire sur le bureau de l'employé, pouvait s'élever élégant et ambitieux jusqu'au bureau du salon fashionable, et s'introduire dans le plus riche boudoir.

Le succès mérité et obtenu par l'encrier siphoïde a fait lancer dans le commerce une quantité d'encriers qui, n'ayant pas les qualités du siphoïde, donnent lieu à des plaintes continuelles, d'autant plus que dans quelques magasins on ne se fait pas scrupule de les vendre comme encriers siphoïdes. Afin d'éviter toute erreur, les véritables encriers siphoïdes portent maintenant l'indication CHAULIN, BREVETÉ.

L'encrier siphoïde peut très-facilement s'adapter à tous les modèles d'écritoires en bois, en bronze ou en marbre. Il convient également aux personnes qui écrivent beaucoup, et à celles qui écrivent peu.

Prix : 2, 3, 4, 5, 6 fr. et au-dessus.

Les encriers héraldiques, qui faisaient partie de l'exposition, et dont les modèles, établis par M. Chaulin, ont été déposés, sont, dans ce genre, ce qu'il y a de plus galant et de plus distingué.

PAPIER HEBDOMAS.

Ce papier fashionable se distingue de tous ceux qui ont été exécutés jusqu'à ce jour, autant par l'exactitude et l'intérêt des vignettes, que par l'élégance et la pureté des couleurs, qui en font de véritables aquarelles Chaque jour a son époque, et l'hebdomas pouvait justement prendre le titre d'historique.

Ainsi, par exemple :

Lundi. Costumes du règne de Henri III : Le seigneur, le page, la dame de la cour et le vieux courtisan.

Mardi. Époque de Louis XIII : Scène de jalousie : le mari, la femme, le raffiné d'honneur.

Mercredi. Époque de Louis XV : Frontin, le chevalier, Camargo.

Jeudi. Époque du roi Jean : L'archer.

Vendredi. Époque de Charles VI : La chasse au faucon : le fauconnier et le seigneur.

Samedi. Époque de Louis XIV : le marquis, Almanzor, page, nègre apportant des rafraîchissemens.

Dimanche. Costumes du règne de Louis XII : Le héraut, l'homme d'armes, le pélerin

ANGRAND, à Paris, 59 et 61, rue Meslay. — Papiers de fantaisie. — Médailles de bronze en 1823, 1827 et 1834. — Dès 1823, ses papiers et ses bordures de fantaisie méritèrent la médaille de bronze pour la variété, la nouveauté, l'exécution supérieure de ces produits. Le développement qu'a pris son industrie, dont les ventes annuelles s'élèvent maintenant à trois cent mille francs, pour des papiers consommés dans toute l'Europe et jusqu'en Amérique ; M. Angrand nous paraît plus que jamais digne des plus grands éloges.

BERNARD, à Paris, 12, rue Martel. — Papiers transparens pour décalquer, eau fixative pour le dessin.

VILLAEYS, à Paris, 2, rue des Coquilles. — Papiers de fantaisie. — M. Villaeys avait exposé des papiers de fantaisie remarquables par leur élégance, l'éclat et la vivacité de leurs couleurs et le bon goût de leurs ornemens ; ces papiers propres à tous les usages, pour cartonniers, confiseurs, révèlent dans M. Villaeys, un industriel rempli d'intelligence et ami du progrès ; ses papiers ornés pour correspondance fashionable nous ont surtout paru devoir attirer l'attention du public éclairé et mériter à M. Villaeys de notables encouragemens.

MARION, à Paris, 14, cité Bergère. — Papier de fantaisie fort élégant. — Les magasins de M. Marion sont, depuis long-temps, en possession du privilége de fournir, à tous ceux dont les habitudes sont élégantes, tout ce qui doit constituer une correspondance fashionable ; papiers unis, glacés, marbrés, ornés du chiffre de celui auquel il est destiné ; pains à cacheter d'une élégance et d'un bon goût qui ne laissent rien à désirer ; tout se trouve réuni chez M. Marion, qui a eu le premier l'heureuse idée de renfermer dans des boîtes d'un très-petit volume et d'une forme agréable tout ce qui est nécessaire pour écrire. Les articles mis à l'exposition par M. Marion étaient ceux de sa fabrication habituelle, ceux que l'on peut toujours trouver dans ses magasins à des prix modérés ; il n'avait rien fait en vue seulement de la circonstance.

LACOME, à Paris, 8, passage Bourg-l'Abbé. — Papeterie de fantaisie, pains à cacheter, impressions, lithographie. Fabrication spéciale de papeterie de luxe et de fantaisie, fournitures de bureaux en général, petite papeterie pour dames, pains à cacheter nouveaux, et papiers glacés, parfumés, estampillés, avec fleurs, initiales, sujets divers et armoiries. — Nous croyons devoir recommander à nos lecteurs, d'une manière toute spéciale, M. Lacome, qui est à la fois un industriel habile et un artiste plein de goût, puisque les objets de sa fabrication habituelle sont maintenant un des besoins de notre époque fashionable ; on doit nécessairement accorder la préférence à celui chez lequel on trouve réuni l'élégance aux prix modérés.

CHALET, 39, rue Neuve des Petits-Champs. — Papier de fer de nouvelle invention, registres à l'anglaise. — Ce papier, inconnu en France, et qui sert de papier-monnaie aux États-Unis, possède, comme spécialité, l'inappréciable avantage de résister à toute fatigue et à tout froissement ; frotté, chiffonné, il ne peut s'user dans la circulation. Aussi doit-il servir à tous effets de commerce, à toutes actions industrielles, à tous billets de banque, et, peut-être un jour, aux passeports qui, si long-temps portés, finissent toujours par tomber en lambeaux. Parfait pour l'impression de la gravure, il la reproduit aussi fidèlement que le papier de Chine ; et pour le décalque, il doit être préféré, par les dessinateurs, au papier végétal, en raison de la pureté et de la blancheur de sa pâte.

Un mille de mandats imprimés en taille-douce sur ce papier, avec la planche des personnes, vaut 35 francs.

Les registres à l'anglaise sont une combinaison du système de reliure à l'anglaise avec celui des reliures à dos élastique à la française, *sans aucun métal dans le dos,* dont l'emploi ne sert qu'à augmenter le poids du registre et à fatiguer, par ce corps trop dur, la peau qui le recouvre. Ces reliures s'ouvrent aussi bien que d'autres, et, de plus, leur solidité est garantie. On peut la mettre à l'épreuve, les ouvrir et les fermer, dans les plus gros volumes, *sans la moindre précaution*, et sans la crainte de voir les cahiers ou les feuilles se déranger.

Les prix, du reste, sont les mêmes que ceux du jour, et soutiendront toute concurrence qu'on voudra leur faire.

FERLIER, à Paris, 326, rue Saint-Denis. — M. Ferlier, fondateur et propriétaire de l'ancienne maison qui porte son nom, avait exposé des fleurs artificielles fort jolies, fabriquées avec le papier végétal de sa fabrique. Ce papier, que nous ne saurions trop recommander, est, avec les produits de la fabrique de M. Prevost-Wenzel, employé par toutes les dames qui confectionnent, pendant leurs momens de loisirs, des fleurs artificielles en papier.

DEHAIS, à Paris, 15, rue de la Croix. — Mention honorable en 1839. — Articles de fantaisie pour cartonniers, confiseurs, évantaillistes, relieurs, etc., etc. — La maison de M. Dehais renferme toujours un assortiment varié d'objets du meilleur goût, tels qu'ornemens et fleurs en relief dorés et coloriés, bordures pleines et découpées, papiers de fantaisie de la plus grande variété sur or, argent et couleurs; feuilles, cartes découpées, imitant parfaitement le tulle enrichi de dorures et couleurs diverses, employées avantageusement pour la confection d'objets très-variés de formes, et se prêtant, par la multitude de leurs jours, à l'application d'une broderie, qui en rend le coup-d'œil agréable sans les priver de leur légèreté.

MM. les confiseurs trouveront de ces articles tout prêts comme modèles, afin qu'ils puissent faire leurs commandes en connaissance de cause, ainsi que sacs, enveloppes, pour sucre de pomme; enfin, tout ce qui a rapport à ce genre. Cet industriel, étant graveur-mécanicien, emploie constamment des outils et machines qu'il confectionne; il est donc plus susceptible qu'aucun autre d'apporter des soins convenables à tous les articles de sa fabrication habituelle, qu'il peut, par la même raison, livrer à des prix modérés.

VALANT, à Paris, 40, rue Mazarine. — Papiers de fantaisie pour correspondance, ornés avec goût, et autres fournitures de bureaux.

DELPORT, à Paris, rue Guérin-Boisseau; fabrique, 94, rue Saint-Maur. — Papiers de fantaisie dorés, argentés et divers. — Mention honorable en 1834. — M. Delport, ancien fabricant de dorures et de fantaisies, breveté d'invention et de perfectionnement, en 1837, pour les fonds or et argent adaptés à la tenture, membre de plusieurs sociétés savantes, et ayant obtenu, pour plusieurs inventions et perfectionnemens dans son art, la mention honorable à l'exposition de 1834, vient encore de créer une de ces fantaisies qui, en doublant la somptuosité de la décoration des appartemens par une richesse extraordinaire, rivalise de prix avec les tentures de simples couleurs, dites *à panneaux*. Ces tentures, faites par lui, sont des fonds d'or et d'argent mat ou brillant, vernis inaltérable à l'air, moirés, à dessins coloriés et veloutés, et sont également appliqués sur papiers, soies ou étoffes, et peuvent servir tout à la fois de tentures d'appartemens, déguisemens et costumes de théâtre; ainsi que les étoffes de couleur, damassées et veloutées, qui peuvent s'adapter à l'ameublement. Nous reproduisons ici (1) la description faite par l'aimable et savante Mᵐᵉ Am... L..., dans son article de *Modes,* inséré dans le *Journal du Commerce* du jeudi 2 février 1837 ; car sa plume spirituelle fait beaucoup mieux ressortir les avantages de cette invention que nous ne pourrions le faire.

Ces tentures, jointes aux bordures, baguettes, cimaises dorées, argentées, peuvent s'adapter à toutes les exigences de la mode, tentures, draperies d'ameublemens et glaces. M. Delport fabrique aussi les papiers de tentures satinés et veloutés, façon ordinaire.

Ces produits se trouvent aussi au dépôt, 20, rue Basse-du-Rempart, Chaussée-d'Antin. —M. Delport aîné fabrique tous les papiers de fantaisie, dorés, argentés, coloriés, satinés, moirés pour lettres, etc., imprimés or, argent et couleurs, vignettes et cartes gaufrées or et argent, et un grand nombre d'objets de goût, à l'usage de MM. les commissionnaires, cartonniers, confiseurs, papetiers, éventaillistes et fleuristes. Papier cuir verni, façon anglaise, de toutes couleurs, pour reliure et gaînerie, par de nouveaux procédés à la vapeur, et apprécié par MM. les relieurs pour sa qualité imperméable, pouvant se dorer et être employé à toutes les exigences de l'art comme la vraie basane ; papier argenté et gommé pour marques, étiquettes de mousseline, etc., à l'usage des manufacturiers ; encre aquarellique, et celle qualifiée anglaise véritablement indélébile noire et de toutes couleurs, par des procédés de vapeur, et d'un tiers au moins au-dessous du cours.

SAYET, à Paris, 45, rue des Noyers. — Papiers de fantaisie pour cartonnages et confiseurs. — Fabrication soignée.

BAUERKELLER et Cⁱᵉ, à Paris, 389, rue Saint-Denis. — Gaufrage et impressions en couleurs sur papiers, étoffes et métaux. — Ces messieurs, brevetés d'invention, publient en ce moment même deux productions du plus haut intérêt, tant pour la nouveauté du

(1) L'une des choses les plus difficiles, même pour qui sait bien vivre, c'est de savoir sortir à propos d'un salon. J'éprouve la même difficulté pour quitter mon feuilleton, et prendre congé de mes lecteurs. Je vais m'en tirer par ma franchise. J'ai une visite à faire : on m'a montré ce matin un appartement meublé à neuf, et que je veux revoir ce soir pour juger de son effet aux lumières. Cet appartement est une merveille ; vous croiriez la chambre à coucher tapissée en beau damas rouge à grandes fleurs noires veloutées. Jamais les fabriques de Lyon, avant que M. Gasparin eût été préfet de cette malheureuse ville, ne produisirent une étoffe plus riche et plus belle. Un mot va redoubler votre surprise : ce damas, ce n'est pas du damas, c'est.... devinez ! du calicot. Oui, le calicot, qui, lui aussi a fait sa révolution ; et, détrônant la soie aristocratique, a fort audacieusement pris sa place. Ce n'est pas tout : on entre dans le boudoir, et les yeux sont émerveillés d'une tenture d'argent, sur laquelle se dessinent des bouquets aux couleurs les plus vives. Vous admirez, n'est-ce pas ? eh bien ! c'est encore le calicot qui nous joue ce tour-là. Le calicot s'est fait argent. Puisque je vous tiens, il faut que je vous achève. Vous voilà dans le salon, et l'or brille sur tous les murs. C'est une tapisserie dans laquelle vous croyez retrouver la somptuosité du manteau des empereurs du bas-empire, ou plutôt c'est ainsi que brille la tunique des odalisques ; mais que les empereurs ne soient pas si superbes ; que les odalisques soient moins fières : tout cet or n'est autre chose que le calicot de nos grisettes. Tels sont les prodiges de l'industrie que j'ai vus, et que je vais revoir plus étonnans encore lorsque les bougies viendront jeter leurs lumières dans tout cet éclat et dans toute cette richesse.

Ces innovations seront fort recherchées par ceux principalement qui ne veulent pas qu'une existence aristocratique efface trop leur origine plébéienne. Ils jouiront de l'orgueil du brocard d'or, sans renoncer à la simplicité du modeste calicot.

genre pour lequel ils sont brevetés, que pour les avantages supérieurs qu'elles présentent. Ces productions sont :

CARTE EN RELIEF DES ENVIRONS DE PARIS,

Gaufrée et imprimée sur papier-carton en dix couleurs, imitant la nature par ses bosses et ses nuances. Cette carte offre au premier coup-d'œil la distinction parfaite de la hauteur des montagnes, de la profondeur des vallées, la situation telle qu'elle est accidentée des forêts, des fleuves, canaux et des habitations, etc., etc. ; la population par département, celle des villes, villages, etc. ; la superficie de chaque département évaluée en hectares, et distinguée dans toute son étendue par une couleur différente, ce que l'on ne trouverait pas dans une autre carte.

Prix : 8 fr. sur carton, et 10 fr. sur carton verni.

PLAN DE PARIS EN RELIEF,

Gaufré et imprimé en dix-huit couleurs, chacun des douze arrondissemens ayant une nuance différente. Ce tableau représente la ville de Paris avec une clarté que l'on n'a pu atteindre jusqu'à ce jour.

Prix : 5 fr. sur papier fort , 6 fr. tiré sur toile, et 7 fr. sur carton verni.

Fabrique de gaufrages en couleur sur papier, velours, soie et peau. Nouveau procédé pour tableaux et étiquettes en tout genre, gaufrage en couleurs et en or pour toute espèce de cartonnages, rouleaux, sacs, cornets et papillotes pour confiseurs, couvertures de livres, abats-jour gaufrés , piqués, découpés et lithographiés, écrans sur satin, cartes d'adresse en couleurs, gaufrées et dorées ; cabas, calottes, sacs et pantoufles ; porte-lampes, porte-carafes et porte-allumettes ; couvre-verres et cadres pour dessins et écriteaux ; réunion de tous les perfectionnemens d'impressions d'Angleterre et d'Allemagne; lithographie en noir et en couleur ; géomontographie Bauerkeller.

SALLERON, à Paris, 22, rue des Blancs-Manteaux. — Papiers dorés et argentés gaufrés. — L'ancienne maison dirigée par M. Salleron est trop avantageusement connue dans le commerce pour que nous ne soyons pas dispensés d'en faire l'éloge ; ses relations déjà très-étendues et qui ne cessent pas de prendre de l'accroissement, parlent assez haut : ainsi il nous suffira de dire que M. Salleron fabrique étiquettes en tous genres, gaufrage en couleur, or et argent, pour toutes les espèces de cartonnages, rouleaux, sacs, cornets et papillotes pour confiseurs ; et nous laisserons à ses nombreux commettans le soin d'en dire davantage.

DROZ (Veuve), à Paris, rue Saint-Antoine, 164. — Papier de verre de nouvelle fabrication. - Ces papiers de verre sont de très-bonne qualité, d'un grain plus régulier que celui des papiers de *grès* livrés communément au commerce sous le nom de *papiers de verre* : ce perfectionnement est un service rendu à l'industrie.

DANDRIEU, à Paris, place Saint-Michel, 8. — Papiers marbrés peints à la main et pouvant se laver, invention utile qui peut recevoir de nombreuses applications, mais qui nous paraît cependant susceptible d'amélioration.

FICHTENBERG, à Paris, 34, rue des Bernardins.—Papiers marbrés, gaufrage en couleurs pour adresse et étiquettes, crayons et impressions en couleurs. — M. Fichtenberg exerce la même industrie que MM. Bauerkeller et Cⁱᵉ, dont nous avons parlé plus haut ; mais bien qu'il soit plus ancien dans la partie, ses produits nous ont paru beaucoup au-dessous de ceux de ses concurrens.

QUENEDEY, à Paris, 15, rue Neuve des Petits-Champs. — Médaille de bronze en 1823, rappel en 1827 et 1834. — Papier à calquer, pains à cacheter transparens, etc.

ROBERT, à Paris, 138, rue Saint-Martin. — Papier-toile ciré, registres sans coutures dits araphiques. — Ce papier qui peut, sans aucun inconvénient, être employé à tous les usages auxquels sert la toile cirée, est d'un prix beaucoup plus modéré. *Le registre sans coutures dit araphique* s'ouvre sur une surface tellement unie que l'on peut écrire du verso au recto aussi facilement que sur une seule feuille, et la couture étant entièrement supprimée, les feuilles n'ont plus l'inconvénient grave d'être coupées par le fil, ce qui le faisait descendre et souvent se détacher.

Avec cette nouvelle méthode, disparaissent tous les défauts qui ont existé jusqu'à ce jour dans la fabrication des registres.

La forte adhérence du produit employé pour l'endossure, donne au registre une solidité qui ne fait que s'accroître avec le temps ; plusieurs administrations, qui depuis quelques mois font usage de ces registres, ont reconnu l'avantage de ce nouveau procédé, qui n'en augmente pas le prix.

PRÉVOST-WENZEL, à Paris, 244, rue Saint-Denis, passage Bourg-l'Abbé, escalier C. — Papiers pour fleuristes et cartonniers. — On sait que depuis quelque temps nos dames occupent leurs loisirs à imiter, au moyen de papiers ou de tissus colorés, les fleurs les plus belles et les plus rares de nos jardins et de nos serres, et que de leurs mains délicates

elles en assemblent les diverses parties avec une adresse admirable et un goût parfait.
Cette agréable occupation est devenue si générale, qu'elle a nécessitée la formation d'établissemens spéciaux où l'on ne s'occupe que de la fabrication des diverses pièces ou objets qui doivent composer les plantes. Ces pièces, réunies ensuite avec habileté, servent à
composer des fleurs et les bouquets les plus variés et les plus élégans. Parmi les établissemens de ce genre qui se sont formés, celui de M. Prévost-Wenzel tient certainement le
premier rang ; M. Wenzel père, fondateur de cet établissement et inventeur des moyens de
fabrication qui ont donné l'essor à cette industrie, a été breveté en 1785 par S. M. la reine
Marie-Antoinette ; le brevet, signé de la main de S. M., nous a été présenté ; et une visite
que nous avons faite dans ses ateliers nous a convaincus de l'importance de cette fabrication qui, aux yeux de ceux qui ne la connaissent pas, pourrait paraître assez restreinte.
Là, plus de cinquante ouvriers, hommes, femmes et enfans, sont occupés à confectionner,
les uns des pistils, des étamines de fleurs ; d'autres manœuvrent six presses d'une grande
force, où, au moyen de matrices, on découpe, dans des feuilles de papiers colorés ou des
morceaux d'étoffes de coton ou de soie, des feuilles de plantes de toutes les nuances et de
toutes les formes, des pétales pour former des corolles de toutes les couleurs et de modèles variés à l'infini, puis qu'on gaufre, soit à froid, soit à chaud ; d'autres assemblent
diverses pièces pour en former des boutons et des calices ; d'autres enfin soufflent de petites boules de verre coloré pour imiter des fruits, ou façonnent ceux-ci en cire et en pâte,
etc. Rien de plus animé, de plus pittoresque que cette jolie fabrication, et de plus galant et
de plus gracieux que les produits qui en sortent. On peut, au reste, en juger par les fleurs
et les échantillons variés que M. Prévost-Wenzel a mis sous les yeux du public à l'exposition, et dans lesquels on admirait une grande légèreté, des formes pures, à beaucoup
d'éclat ; en un mot une imitation fidèle de la nature. On n'arrive pas, comme on se l'ima-
gine bien, à de pareils résultats, sans des efforts longs et pénibles, et la création d'une
branche d'industrie, comme celle de M. Prévost-Wenzel, est toujours un progrès important qui a droit à notre approbation et à tous nos encouragemens.

   Une autre branche d'industrie, dans laquelle M. Prévost-Wenzel nous paraît également
exceller, à en juger par les échantillons qu'il a exposés et par la visite de ses ateliers, ce
sont les papiers de fantaisie. On sait que cet art a reçu depuis plusieurs années de notables
perfectionnemens ; mais ce que tout le monde ne sait pas, c'est que ces perfectionnemens
sont dus en grande partie aux travaux de ce fabricant, et qu'il convient de lui en attribuer
l'honneur. Dans ses ateliers, situés rue Château-Landon, cinquante autres ouvriers sont
occupés à fabriquer des papiers mats ou glacés, des nuances les plus variées, et ornés des
couleurs les plus vives et les plus pures, pour les relieurs, les brocheurs et les cartonniers.
Ces papiers sont, les uns unis, les autres imitent le satin, le marbre, le porphyre, l'agate,
les ronçures et les racines du bois. La plupart reçoivent un apprêt composé d'un beau vernis flexible, et qui permet de les plier et de les chiffonner sans plus les casser que si c'é-
tait de la peau : d'autres sont gaufrés ou moirés à la planche plate ou au cylindre, pour
imiter le maroquin, le chagrin et les étoffes moirées les plus précieuses. On voit dans ces
ateliers un grand nombre de ces cylindres gaufreurs, qui coûtent fort cher et exigent une

grande perfection dans la gravure, et on pouvait se faire une idée de ces machines en jetant les yeux sur le n° 1265 de l'exposition, où un artiste, M. Krafft, avait mis sous les yeux du public un cylindre très-beau de cette espèce, qui appartient à M. Prévost-Wenzel. Dans les ateliers de ce fabricant, nous avons vu faire des papiers imprimés, unis, moirés, en couleur ou en or, des papiers veloutés de toutes les couleurs, des papiers argent ou or brunis, unis ou gaufrés, dont les confiseurs enveloppent aujourd'hui leurs élégans produits, ou dont les cartonniers se servent pour faire de si charmans ouvrages, et nous avons constamment rendu justice aux procédés ingénieux mis en usage pour cette fabrication, qui exige certainement, dans celui qui la dirige, une inépuisable fécondité, un goût parfait et des connaissances assez étendues : toutes conditions que nous avons trouvées réunies dans M. Prévost-Wenzel.

Nous bornons ici ce que nous avions à dire sur ce fabricant, bien convaincus que nous sommes parvenus à faire apprécier l'importance de son établissement, auquel les visiteurs de l'exposition sauront bien rendre justice, justice qui appartient à une industrie aussi intéressante que bien dirigée, dont on doit la création et le perfectionnement à M. Prévost-Wenzel, et qui a su déjà s'ouvrir de vastes débouchés à l'étranger.

HIRIGOYEN, à Ouradour-sur-Glane (Haute-Vienne). — Papier et carton de paille. — M. Hirigoyen est breveté d'invention et de perfectionnement, pour des procédés d'un papier et carton de paille pure et de couleur naturelle. Fondateur de cette industrie en France, il n'a pas cessé, depuis 1821, époque à laquelle il a obtenu son brevet, de fournir au commerce, et à sa satisfaction, des produits d'une douceur et d'une souplesse remarquables ; l'absence de toute espèce de colle ou de gomme dans la fabrication de ces produits les rend inattaquables aux insectes, et la matière avec laquelle ils sont faits, les met hors de l'atteinte de l'humidité de l'air ; ces papiers et cartons peuvent s'employer à une foule d'usages; ils reçoivent très-bien l'écriture sans faire éponge, et on peut imprimer dessus avec facilité et netteté.

Le prix du papier varie depuis 32 fr. jusqu'à 70 fr. les 100 kil., suivant sa qualité et finesse ; et celui du carton, non lissé, est de 32 fr. les 100 kil.; le tout pris en fabrique et payable à vue, à la réception, comptant sans escompte.

La maison qui exploite le brevet de M. Hirigoyen, et dans laquelle celui-ci est intéressé, a été établie sous la raison Thérèse Tramier et Cⁱᵉ. Cette maison, par les soins qu'elle donne à la fabrication de ses produits, garantit aux consommateurs que son nouveau carton fera une fois au moins autant d'usage que celui fabriqué avec du chiffon, quel que soit l'emploi auquel on le destine.

CHAPITRE QUATRIÈME.

⊸⊰⊱⊷

SECTION PREMIÈRE.

CONSIDÉRATIONS GÉNÉRALES.

Les plus célèbres législateurs de l'antiquité et les hommes d'état modernes, ont justement apprécié l'importance de la musique sur le caractère et la civilisation des peuples ; aussi, de bonne heure, le gouvernement français eut l'idée d'encourager le goût des études musicales, par la création du conservatoire de musique, qui bientôt eut rendu populaire en France l'art des Weber, des Rossini et des Boëldieu ; la fabrication des instrumens suivit naturellement ces progrès ; nous nous efforçâmes de confectionner ceux qu'auparavant nous achetions à l'étranger, et dès 1806 on vit figurer à l'exposition des produits de l'industrie nationale plusieurs facteurs d'instrumens divers.

Les premiers exposans, en 1806, furent donc : Cousineau (*harpe*), Didier-Nicolas de Mirecour (*violon*), Dupoirier (*piano*), Schmidt (*piano-harmonica*), Pfeiffer (*piano vertical*), Laurent (*flûte*), Davrainville (*jeux de flûte à cylindre*). Bientôt les ouvriers français ne redoutèrent plus la rivalité de leurs voisins, car le gouvernement, cherchant à nationaliser cette industrie naissante, encourageant les essais par une haute protection, aidant son

existence et son accroissement jusqu'au jour où elle devait se défendre elle-même , frappa tous les instrumens étrangers d'un droit protecteur. Sous l'égide de ce droit , la fabrication s'est accrue , s'est améliorée par des innovations et des découvertes. En 1819, seize facteurs figurèrent à l'exposition ; en 1823, leur nombre s'éleva à vingt-trois ; en 1827, il fut de cinquante-huit , et en 1834, il atteignit le chiffre de quatre-vingt.

Mais n'est-il pas temps d'ôter, à cette industrie, les lisières de l'enfance ? Ne peut-on la livrer un peu plus à ses propres forces, et diminuer les droits du fisc , qui deviennent pour cette industrie un privilége injuste , à charge d'une part aux consommateurs, et qui, de l'autre, diminuent, loin d'accroître les recettes du trésor, par l'effet co-relatif du maintien d'un prix vénal trop élevé, qui diminue la consommation ; la protection que toute industrie naissante a droit d'obtenir de la patrie, ne doit pas être trop long-temps prolongée : cette protection doit être limitée au nombre d'années jugées nécessaires pour amener à bien les essais, les améliorations ; mais, à l'expiration de ce délai, la protection doit diminuer graduellement dans la proportion des droits qui protègent les autres industries nationales. Gardez autant que possible l'industrie des fabricans d'instrumens de ces droits de perfection forcée , car il est une observation que chacun a pu faire , et que l'expérience a toujours confirmée , c'est qu'une protection exagérée endort l'industrie , et qu'une concurrence raisonnée la stimule utilement en la conduisant à des améliorations sensibles.

L'étude de la musique s'est ressentie de cet accroissement d'instrumens. La classe moyenne fut long-temps sans mettre la musique au nombre des arts à cultiver dans la famille , parce qu'il fallait ou aller en pays étranger acheter un instrument passable , dont les droits de douane et de commission rendaient l'acquisition très-onéreuse, ou s'en procurer en France de fort cher et de fort mauvais , dont les réparations, dans l'année, doublaient souvent le prix. Mais aussitôt que l'industrie eut propagé les instrumens, que l'on construisit en France aussi bien et aussi solidement qu'à l'étranger , le goût musical se répandit , d'abord par la location des instrumens devenus plus abondans , et dont le prix diminua , et, plus tard , par leur achat. Nous connaissons une portière qui eut en location, pendant cinq ans, un piano de MM. Roller et Blanchet , et qui finit par l'acheter au prix de 900 fr. Une foule de jeunes gens s'instruisirent et peuplèrent le pays de professeurs , dont on manquait dans la majeure partie des villes de France. Loin de rester tributaire de l'étranger , ce fut bientôt la France qui se chargea de fournir des instrumens de musique au monde entier.

A l'époque de chaque exposition publique , on a combattu son utilité et ses bénéfices. Quant à nous , nous les regardons comme un bienfait pour le pays ; elles établissent une mesure de comparaison entre l'état actuel de l'industrie et celui de l'industrie à venir ; elles nous permettent également d'apprécier ses progrès depuis la dernière de ces solennités ; elles offrent enfin au fabricant le moyen de se faire connaître , de percer la foule et de montrer à la France ce qu'il fait de bon et de beau ; elles mettent le consommateur en rapport direct avec le fabricant. Mais pour que l'exposition soit ainsi profitable à tous, il faut que le fabricant et les personnes chargées d'admettre les objets, remplissent exactement les conditions exigées , c'est-à-dire que l'industriel ne doit exposer que des objets réellement de sa fabrique ; non un tour de force, mais un produit de son industrie ordinaire. Les membres du jury d'admission ne doivent recevoir que des produits vraiment bons, vraiment beaux, vraiment utiles, et dont la construction et le débit doivent apporter quelques bénéfices à l'industrie comme au commerce, et surtout n'admettre aux honneurs de la séance que de véritables fabricans; car l'exposition n'est pas un bazar, elle n'est pas établie pour la vente en détail, ni pour récréer la vue ; son but est plus grand et plus noble, c'est le progrès industriel.

Nous aurions encore désiré que les prix fussent marqués sur tous les instrumens exposés, c'est le seul moyen, à notre avis, de juger de l'industrie ; car, faire bien avec beaucoup d'argent, n'est pas une chose très-profitable pour le pays, parce que la consommation de ces objets de luxe est trop minime. Il faut faire bon et à bon marché, voilà le but vers lequel doivent marcher tous les facteurs. Le prix élevé auquel se maintiennent les instrumens, provient de la forte remise que les fabricans croyent devoir accorder aux commissionnaires.

Ainsi, les grandes maisons de Paris accordent de 25 à 30 p. °/₀, ce qui fait plus du quart, près du tiers du prix de l'instrument. Ce sont ces maisons si haut placées dans le monde financier et dans le monde industriel, qui auraient dû se soustraire petit à petit à cette prime exhorbitante, qui est toute au préjudice de l'industrie. Les petites maisons ne peuvent point commencer cette guerre, parce que, peu connues, elles ont besoin du commissionnaire, et que celui-ci ne s'occupe d'elles qu'en raison du plus ou moins de remise. C'est ce qui fait qu'un piano de 900 fr. est porté à 1,200 fr. Les grandes maisons ne veulent pas livrer à bon marché : le bon marché, disent-elles, leur ferait perdre leur clientelle aristocratique, et ferait ôter à leur maison le titre de *magasin comme il faut !*

Nous aurions encore désiré que les salles de l'exposition ne fussent ouvertes aux facteurs déjà admis aux expositions précédentes, que lorsque le jury aurait décidé que, dans les instrumens présentés, il y avait amélioration, addition dans le mécanisme, ou bonification dans le prix de fabrication ; car se présenter sans aucuns changemens dans ses produits, ce n'est pas comprendre les exigences de l'exposition, c'est occuper une place qu'un autre aurait pu mieux remplir.

Aujourd'hui que le jury d'examen a terminé sa pénible tâche, nous croyons qu'il nous sera permis de soumettre à nos lecteurs quelques réflexions qu'ont fait naître en nous les travaux de cette commission. Parmi les décisions prises par cette réunion d'hommes distingués, d'hommes émérites en tous genres, beaucoup seront jugées fautives, et nousmêmes nous en désignerons comme étant de fausses appréciations des ouvrages qui leur avaient été soumis, mais nous nous empressons de déclarer ici que nous considérons les décisions que nous nous verrons contraints de signaler comme l'appréciation impartiale d'une réunion respectable par le grand savoir et la réputation de haute probité des membres qui la composent. Ces décisions nous serviront à prouver encore une fois que l'assemblage de parties fort bonnes chacunes dans leur spécialité, forme trop souvent un tout défectueux, et que la commission du jury pour la section des beaux-arts réunissait de hautes capacités diverses ; mais qu'elle n'avait pas assez d'homogénéité, assez d'unité pour apprécier artistiquement un instrument de musique.

Pour ne parler seulement que de la tête active de cette commission, nous croyons que M. Savart, par la spécialité même de ses travaux sur l'acoustique, que l'on pourrait croire si intimement liée aux instrumens de musique, n'a pas, selon nous, toutes les qualités requises pour être juge de cette industrie. M. Savart réclame sans cesse l'application des lois de l'acoustique, de cette théorie éphémère, de cette théorie de sons sans but fixe, sans donnée certaine, et cette théorie est presque toujours contraire aux expériences de la pratique. Les facteurs qui suivent son cours, et nous-mêmes nous avons souvent fait des essais pour appeler la théorie en aide à la pratique, et presque toujours nous avons été trompés par les résultats. Dans l'art de la facture, la pratique a devancé de bien loin la théorie, qui est encore aujourd'hui embarrassée des langes de l'enfance. M. Savart, avec toutes ses lois de l'acoustique, ne parviendrait pas à faire un piano passable, et nous voyons tous les jours des facteurs qui, sans le moindre principe de cette science, parviennent à faire de bons instrumens : ici la voie dans laquelle on peut marcher, n'est que celle du tâtonnement.

Pour essayer les instrumens de musique, la commission avait fait choix d'un mauvais emplacement, et mieux eut valu rester dans les salles de l'exposition, toutes défectueuses et toutes sourdes qu'elles étaient, plutôt que de tomber dans les excès contraires. Dans les galeries de l'exposition, on eut pu comprendre tous les défauts de l'instrument, saisir son plus ou moins de tact, son plus ou moins d'égalité ; mais dans la salle bruyante du palais Bourbon, les instrumens bruyans, autrement dits les instrumens peu garnis, ont eu l'avantage de la sonorité ; leur tapage a rendu impossible toute appréciation de leurs défauts. Il n'en a pas été de même des instrumens garnis à l'allemande, ou instrumens de salons ; leur son s'est perdu dans ce grand atmosphère vibrant, et leurs défauts ont été rendus plus perceptibles.

Trois qualités sont exigées pour un piano : *sonorité, solidité* et surtout *docilité*. Quant à la partie de la docilité s'il n'est donné qu'à un pianiste d'un grand talent d'en pouvoir apprécier la qualité plus ou moins grande, nous reconnaissons M. Auber comme un fort bon compositeur, comme un appréciateur savant de toute création musicale ; mais nous ne lui croyons pas les qualités requises pour un grand pianiste. Ce n'est pas avec de simples accords, ou quelques mélodies de deux ou trois minutes que l'on peut juger du tact d'un piano ; il faut du temps pour appécier un instrument, pour reconnaître l'agilité du mécanisme, la docilité du clavier. M. Auber, en outre, a un goût bien prononcé pour les instrumens légèrement garnis ; tous les intrumens qu'il a achetés dans la maison Roller et Blanchet ont été montés selon ce goût. M. Auber a donc dû se faire un jeu assorti à ce genre de garniture ; il doit donc naturellement faire beaucoup plus d'effet sur un piano semblable, que sur ceux qui sont contraires à son goût ; de là, nous tirons la conclusion que du moment où le jeu n'était pas égal sur tous les instrumens, il y a également de l'inégalité dans l'effet produit sur les juges auditeurs qui auront regardé comme vice de l'instrument ce qui ne devait être attribué qu'au jeu de l'artiste.

Mais comment, nous dira-t-on, pouvoir apprécier avec détail, avec minutie, tout ce qui compose le tact d'un instrument, quand on était forcé d'en examiner trente, quarante dans un jour ? Rien ne forçait le jury à ne commencer son travail qu'après le dernier jour de l'exposition ; il eut pu conserver une place dans la galerie des instrumens et y faire transporter chaque matin, dès le second jour de l'exposition, chaque instrument l'un après l'autre, et en consacrant à ce travail trois heures de la journée, c'est-à-dire de sept heures du matin à dix heures, et en n'examinant que quatre instrumens dans chaque séance, il fut parvenu au nombre de 240 ; et ainsi on ne se serait pas trouvé pressé par le temps, obligé d'entasser dans une salle piano sur piano, en n'accordant que quelques minutes à chacun.

Comment apprécier la sonorité d'un grand nombre d'instrumens dans une même séance? Le nerf auditif s'impressionne, se lasse, se fatigue, et, ce qui nous plaisait au premier abord, finit par nous être désagréable par la continuité. Nous nous souvenons d'avoir assisté, dans notre jeunesse à une séance du jury dégustateur de l'*Almanach des Gourmands,* présidée par *Grimod de Lareynière ;* on nous présenta six pâtés différens : le premier fut jugé délicieux ; le second mérita également quelques éloges ; le troisième eut moins de louanges : il nous fut impossible d'attaquer le quatrième.

Ce que l'on n'a pas fait et ce que l'on devait surtout faire, c'était de donner de sages conseils, des avis précieux pour le facteur, et non pas le rebuter par des fins de non-recevoir lancées avec rudesse. Bien des fabricans d'instrumens ont fait des essais , entre autres M. Roller qui ne venait pas vous dire : « J'ai réussi, » mais qui se présentait à vous avec modestie en vous disant : « J'ai essayé. » Que lui avez-vous répondu ?...... « Votre forme n'est pas gracieuse. » Vous n'êtes pas appelés à juger sur la forme, mais bien sur le fond ; la forme n'est qu'un accessoire plus ou moins agréable. Mais l'instrument, vous n'en avez pas examiné le mécanisme ; vous n'avez pas appelé M. Roller : lui seul cependant pouvait vous expliquer le but vers lequel il marchait, les moyens qu'il avait employés et le résultat qu'il avait obtenu. M. Rinaldi également n'a pu obtenir de vous un seul mot de critique ou d'encouragement, et cependant il avait essayé de remédier aux défectuosités des dessus dans les pianos carrés par l'application de deux octaves dans le système du pianino. Nous ne finirions pas si nous disions tous ceux que l'on a traités avec sécheresse ; il nous faudrait des volumes entiers pour décrire le découragement que vous avez apporté chez beaucoup de facteurs , tous disent « nous ne leur demandions pas de récompenses ; ce que nous voulions c'étaient des conseils, ce que nous cherchions c'étaient des encouragemens ; » si le découragement est toujours fatal, il l'est surtout en industrie. Ces têtes actives, appelées peut-être à de grandes découvertes, s'abandonnent à l'abattement, se contentent de faire selon les vieilles routines, et regardent le mieux comme impossible.

SECTION II.

INSTRUMENS A CORDES.

I

VIOLONS, ALTOS, VIOLONCELLES ET CONTRE-BASSES.

Le violon, l'alto, le violoncelle et la contre-basse sont des instrumens de musique à cordes et à archet. L'histoire de ces divers instrumens, parmi lesquels le violon tient sans contredit la première place, est à peu de chose près la même, aussi ne nous occuperons nous ici que de ce dernier instrument.

Le violon est monté de quatre cordes de boyau, dont la plus grave donne le *sol;* les trois autres portent *re, la, mi,* par quintes du grave à l'aigu, la corde *sol* est filée en laiton; le diapason du violon est de quatre octaves environ; on peut l'étendre plus haut encore au moyen des sons harmoniques; il commence au *sol* du piano.

Comme le violon est le fondement des orchestres, le moyen d'exécution, l'instrument universel, celui qui par son utilité se trouve entre les mains du plus grand nombre de musiciens, il est nécessaire de faire connaître tout ce qui peut en donner une idée juste. La forme du violon a beaucoup de rapport avec celle de la lyre, et permet de croire qu'il n'est autre chose qu'une lyre perfectionnée, qui réunit à la richesse des modulations, l'avantage si grand de prolonger les sons, avantage que la lyre ne possédait point.

C'est sous le règne de Charles IX que le violon fut introduit en France. Il y a près de trois cents ans que l'on ne change plus rien à sa structure et qu'on lui conserve cette simplicité qui augmente le prestige de ses effets. Ses quatre cordes suffisent pour donner six octaves environ, et pour offrir toutes les ressources qu'exigent le chant et la variété des modulations, au moyen de l'archet, qui met les cordes en vibration et qui peut en faire parler plusieurs à la fois; il réunit le charme de la mélodie à celui des accords; son timbre qui joint la douceur à l'éclat, lui donne la prééminence sur tous les autres instrumens, et, par la faculté qu'il possède, de soutenir, d'enfler et de modifier ses sons, de rendre les accens de la passion, comme de suivre tous les mouvemens de l'ame, il obtient l'honneur de rivaliser avec la voix humaine. Cet instrument, fait par sa nature pour régner dans les concerts et pour obéir à tous les élans du génie, a pris les différens caractères que les grands maîtres ont voulu lui donner. Simple et mélodieux sous les doigts de Corelli ; harmonieux, touchant et plein de graces sous l'archet de Tartini ; aimable et suave sous celui de Gaviniès ; noble et grandiose sous celui de Pugnani ; plein de feu, plein d'audace, pathétique, sublime entre les mains de Viotti, de Rode, de Kreutzer, de Baillot, de Bériot, il s'est élevé encore et dans une progression merveilleuse, foudroyante, sous les doigts de Paganini. A tous ces brillans avantages, on peut ajouter encore la faculté de multiplier le violon dans les orchestres, sans nuire à l'ensemble, de jouer toute espèce de musique sur cet instrument, de surmonter sans peine de grandes difficultés et de fournir la carrière la plus longue, sans fatigue. Les compositeurs l'ont choisi sur tous les autres pour lui confier l'exécution de leurs ouvrages. La viole, le violoncelle, la contre-basse, ainsi que nous l'avons dit plus haut, descendent de la même souche, ne forment avec le violon qu'une seule famille, et donnent des sons homogènes à des diapasons différens. Au moyen de ces précieux auxiliaires, le violon embrasse presque toute l'étendue de l'échelle mélodique ; la musique destinée au violon s'écrit sur la clé de *sol*. On écrit pour l'orchestre cinq parties, pour le violon et sa famille, savoir : premier et second violon, viole, violoncelle et contre-basse. Ces deux dernières parties sont souvent réunies. Taille, tenor, quinte, alto, alto-viola, violette, tels sont les autres noms que l'on a donné à la quinte de violon. Nous devrions adopter celui de viole comme nom de famille, il rappelle l'origine de l'instrument et n'a point de double acception. Les Italiens donnent à la contre-basse le nom de *violone*, très-gros violon ; nous voudrions qu'en français on l'appelât violonasse, pour avoir une collection de noms propres à marquer les liens de famille qui unissent le violon à la viole, au violoncelle, au violonasse.

BERNARDEL, à Paris, 43, rue Croix des Petits-Champs.—Médaille de bronze en 1827, rappel en 1834. — Violons, altos, basses et contre-basses. — Tous les instrumens exposés par M. Bernardel nous ont paru confectionnés avec beaucoup de soin : on leur reprochait en 1834 d'être un peu trop faibles de bois dans la partie de la table qui correspond au chevalet. M. Bernardel a remédié à ce défaut de sa fabrication et maintenant ses instrumens sont à peu près irréprochables.

CHANOT, à Paris, 26, rue de Rivoli.—Violons, basses et contre-basses confectionnés avec tout le soin possible, et remarquables par l'étendue et la force de leurs sons.

PECCATTE, à Paris, 18, rue d'Angevilliers. — Archets pour violons et basses, bien fabriqués et d'un prix modéré.

GUILLET, à Paris, 19, rue Charlot. — Violon et archet en métal. — Un industriel, dont le nom nous échappe, avait présenté à MM. les membres du jury central, qui, du reste, ont eu le bon esprit de ne pas se rendre à ses vœux, un violon en terre cuite qu'il voulait faire admettre à l'exposition ; ces messieurs, selon nous, auraient dû montrer la même sévérité à l'égard du violon en maillechort de M. Guillet. Cette innovation n'a d'autre mérite, et c'en est un bien triste, que celui de la bizarrerie, et si nous en parlons ici, ce n'est que pour prouver à nos lecteurs que nous ne voulons oublier aucun des objets bons ou mauvais, utiles ou ridicules, qui figuraient à l'exposition.

DERAZEY, à Mirecourt (Vosges). — Une basse, quatre violons et un alto. — L'un des violons était surtout remarquable par la qualité des sons.

M. Derazey est un des plus habiles luthiers de la ville de Mirecourt, où six cents ouvriers fabriquent, par an, pour plus d'un million d'instrumens de musique ; les violons de M. Derazey ne dépassent pas 60 fr. Ce prix serait bien modique pour la lutherie parisienne, mais il est considérable à Mirecourt, où l'on fabrique une grande quantité de ces instrumens à 2 fr. 50 c. la pièce.

GOUDOT MOLLOT, à Mirecourt (Vosges). — Un violon, un alto et une basse. — BUTHOD, à Mirecourt (Vosges). — Une basse, un alto et sept violons. — Tous ces instrumens de prix et de qualités divers, nous ont paru confectionnés avec tout le soin possible, si l'on veut bien prendre en considération la grande modicité de leurs prix.

VUILLAUME, à Paris, 46, rue Croix des Petits-Champs. — Médaille d'argent en 1834. — Violons, altos, basses, une contre-basse, archets en bois et en acier. — Cet artiste s'est proposé d'imiter les instrumens des anciens luthiers les plus célèbres, Stradivarius, les Amatis, Maggini, etc. ; ses succès sont remarquables. Les instrumens qu'il a construits trompent la vue par l'aspect et le genre du travail ; ils ont l'avantage infiniment plus précieux d'imiter, avec tant de perfection, la qualité des sons de l'instrument ancien pris pour modèle, que l'oreille la plus exercée peut s'y laisser tromper.

Avec huit à dix ouvriers, et c'est beaucoup pour ce genre d'industrie, M. Vuillaume construit annuellement cent quarante à cent cinquante instrumens, dont une partie se vend à l'étranger. Les violons de M. Vuillaume se vendent 200 fr. et au-delà.

fer et cuivre, de toutes grosseurs et de différentes formes, à l'usage des horlogers, bijoutiers, serruriers, et généralement de tous les arts. Tubes en cuivre et en fer, barreaux, rampes et tubes en cuivre rouge sans soudure pour presses hydrauliques, pompes à vapeur et souffleteries résistant à plus de 500 atmosphères.

Cette tréfilerie, qui a été fondée où elle est située, en 1791, a, en ce moment, quarante-huit ans d'existence. Cet établissement se recommande par son utilité ; en effet, il soutient la concurrence avec la fabrication étrangère, et la France se trouve en possession de produits qui sont appréciés non-seulement par les consommateurs, mais encore par les savans.

Ses produits, bien fabriqués, sont connus dans toute l'Europe ; aussi M. Mignard-Billinge reçoit-il de nombreuses commandes de Saint-Pétersbourg, de Berlin, de Vienne, etc. La société d'Encouragement pour l'industrie nationale a récompensé M. Mignard-Billinge par plusieurs médailles d'or.

Ce fabricant a pris part à toutes les expositions et toujours avec avantage. Les produits qu'il a mis à l'exposition de 1839, sont de nature à fixer l'attention des industriels sur le mérite de la fabrication de M. Mignard-Billinge. Ces produits, qui n'ont pas été confectionnés spécialement pour l'exposition, sont les mêmes que ceux livrés au commerce. On a principalement remarqué des cordes de pianos dont l'usage deviendra général lorsque le préjugé qui les repousse aura disparu. Déjà le célèbre fabricant de pianos, M. Erard, emploie ces cordes qui sont encore demandées par divers facteurs de Paris et de la province. Cet établissement enfin, est connu comme tréfilerie de précision ; tous les articles qui en sortent sont exécutés avec le plus grand soin, conformes aux commissions transmises et livrés avec *garantie*.

M. Mignard-Billinge est auteur de l'ingénieuse machine qu'il a nommée *écaillère française*, et qui sert à ouvrir les huîtres. Lorsque cet instrument sera plus connu, nul doute que son utilité ne le fasse rechercher dans tous les ménages.

SECTION III.

PIANOS.

Au vieux *monocorde* succéda le *clavicorde*, qui reçut le nom d'épinette à cause des pointes de plumes dont étaient armés les sautereaux qui pinçaient les cordes. On reconnut bientôt la faiblesse de l'épinette, et, pour augmenter sa sonorité, on agrandit son volume ; on lui donna la forme d'une harpe couchée ; au lieu de pointes de plumes on garnit les sautereaux d'une languette de peau de buffle : voilà le clavecin, dont l'invention ne remonte pas plus haut que le XVe siècle. Aucun auteur antérieur au XVIe siècle ne nomme le clavicorde, la virginale, l'épinette ni le clavecin ; mais les écrivains de ce temps là en parlent comme d'instrumens déjà en usage. Il est probable que le clavicorde fut inventé en Italie, et qu'il fût ensuite imité en Flandre et en Allemagne, où on en rencontre encore quelques-uns. Le clavecin, dont le son maigre était un des moindres défauts, fut remplacé par le *piano :* l'invention en est attribuée à Silbermann, facteur d'orgue saxon. Le premier essai qu'il en fit est de 1721. Cependant le *journal d'Italie,* de 1718, rapporte la description d'un instrument nouveau inventé par Cristofori, florentin ; il est semblable au *piano.* On préféra long-temps encore le clavecin au piano ; mais celui-ci finit par le détrôner :

> Avec un flegme anglais le piano se traîne,
> Et nargue, fils ingrat, le rude clavecin.
>
> (Pus, *Harm. imitat.*)

Nous ne ferons pas ici l'histoire du piano, cela nous entraînerait trop loin. Le piano selon M. Castil-Blaze (*Journal des Débats* du 1er sept. 1827), commença à se répandre dans les provinces vers la fin du dernier siècle. Ce fut son père, écrit-il, qui apporta dans le midi le premier piano qui y parut ; il était de la fabrique de Kilianus Mercken, et portait la date de 1772. L'Allemagne et l'Angleterre s'emparèrent presqu'exclusivement de l'industrie de la facture, l'Europe entière fut inondée de leurs produits. La France travaillait bien un peu, il est vrai, mais ses progrès étaient lents, et ses produits pour la plupart, d'une grande médiocrité. A la paix de 1814, l'industrie instrumentale se réveilla de sa longue léthargie ; à force de travaux et de recherches, elle est parvenue à rendre le monde entier son tributaire, et elle est à même de fermer presque nos frontières à l'entrée des instrumens de musique étrangers.

En 1837, il est entré en France *cinq pianos carrés :* la Prusse en a fourni *un,* l'Allemagne *quatre.* L'importation des *pianos· à queue* est plus considérable , elle s'élève au chiffre de *neuf :* l'Angleterre nous en a fait parvenir *cinq,* l'Espagne *un,* l'Allemagne *trois.* Chaque piano étant estimé officiellement 1,000 fr., l'importation est donc de 14,000 fr.

L'exportation, dans la même année, s'est élevée à *quatre cent vingt-six* pianos, estimés 426,000 fr.; ces instrumens ont été ainsi dirigés :

Russie. 5	Toscane. 3	Brésil. 26
Prusse. 4	États-Romains. . . . 2	Mexique. 1
Villes Anséatiques. . . 2	Suisse. 75	Guatimala. 6
Hollande. 14	Allemagne. 9	Venezuela. 1
Belgique, ... 89	Turquie. 2	Pérou. 3
Angleterre. 34	Égypte. 1	Chili. 2
Portugal. 2	Alger. 2	Guadeloupe. 15
Espagne. 7	États-Unis. 59	Martinique. 3
Autriche. 3	Haïti. 3	Bourbon. 16
Sardaigne. 12	Cuba et Porto-Réale. . 2	Cayenne. 3
Deux-Siciles. 2	Saint-Thomas. 2	

ERARD, à Paris, 13 et 21, rue du Mail. — Médaille d'or en 1817, 1823, 1827 et 1834. — M. Erard avait fait, pour l'exposition de 1839, 28 instrumens de musique ; 19 pianos et 9 harpes , que , faute d'espace, il n'a pu présenter au public que successivement ; nous croyons que nos lecteurs ne seront pas fâchés d'en trouver ici la désignation. Ainsi M. Erard avait exposé :

PIANOS DE PREMIÈRE CLASSE A ÉCHAPPEMENT DOUBLE.

1. Grand modèle à 7 octaves complètes , avec barres et sommiers harmoniques et tous les perfectionnemens.

2. Modèle ordinaire à 6 octaves et demie, avec barres et sommiers harmoniques et tous les perfectionnemens.

3. Petit modèle ou demi-grand à 6 octaves et demie , avec barres et sommiers harmoniques et tous les perfectionnemens.

4. Grand piano à 6 octaves et demie , montant au *sol ,* avec barres et sommiers harmoniques et tous les perfectionnemens. (Cet instrument est décoré dans un style classique , avec dorures , peintures et sculptures d'un fini précieux).

5. Piano forme carrée, grand modèle , à 3 cordes, 6 octaves et demie, montant au *sol,* avec un nouveau mécanisme, possédant les avantages du piano à queue d'Érard, nouveau barrage en châssis métallique pour résister au tirage des cordes.

6. Forme carrée, modèle ordinaire à 6 octaves et demie.

7. Forme pentagone irrégulière déterminée par les proportions harmoniques des cordes

et par les exigences de l'instrument. (Ce piano repose sur trois pieds comme un piano à queue.)

8. Forme hexagonne régulière, avec les mêmes perfectionnemens que les précédens. (Ce piano, supporté par des colonnes torses, est décoré de moulures guillochées.)

9. Forme trapèze, possédant les mêmes avantages que les précédens. (Ce piano est décoré avec toute la magnificence du style des meubles de Boule.)

N. B. Ces trois derniers instrumens prennent moins de place qu'un grand piano carré. C'est dans le but d'utilité seulement, et pour faciliter le placement d'un instrument supérieur dans un salon peu spacieux, que ces formes nouvelles ont été présentées au public.

PIANOS DE DEUXIÈME CLASSE A ÉCHAPPEMENT ORDINAIRE,

PERFECTIONNÉ PAR M. ÉRARD.

PIANOS CARRÉS. — A TROIS CORDES.

1. Grand modèle à 6 octaves et demie, montant au *sol*, avec le nouveau barrage ou châssis métallique. (Cet instrument est supporté par un X à colonnes torses d'un style élégant et nouveau.)

2. Modèle ordinaire au *fa*.

A DEUX CORDES.

3. Grand modèle à 6 octaves et demie.

4. Modèle ordinaire à 6 octaves et demie.

PIANOS DROITS. — CORDES PERPENDICULAIRES.

5. Petit piano ou pianino à 6 octaves, orné d'incrustations dans le style étrusque. (Cet instrument n'était exposé que comme objet d'art.

6. Petit piano ou pianino à 6 octaves. (Sur ce piano se trouve appliqué le nouveau système d'accord, qui donne au mouvement de la cheville beaucoup de précision et de douceur.)

7. Piano du même genre à 6 octaves et demie, montant au *sol*.

8. Piano du même genre à 7 octaves, montant à l'*ut*.

CORDES OBLIQUES.

9. Grand piano droit à 3 cordes 6 octaves et demie, montant au *sol*.

10. Grand piano droit à 3 cordes 7 octaves, montant à l'*ut*.

M. Pierre Érard est le digne et persévérant continuateur de Sébastien, son oncle, qui, occupé sous l'empire à assurer le succès de son invention du double mouvement appliqué à la harpe, ne semblait pas prendre part à la révolution qui s'opérait dans le système général de la construction des pianos. Mais, tout-à-coup, il arrive d'Angleterre avec un mécanisme sur lequel il méditait depuis long-temps, et d'un genre absolument différent de tout ce qu'on avait fait jusqu'alors. L'objet de ses recherches était de donner au mécanisme une sensibilité telle, que le doigt put modifier le son à volonté, sans nuire à la force ni à la légèreté. Dans les pianos à échappement du système anglais, comme du système allemand, aussitôt que l'échappement a produit son effet, le marteau retombe et le doigt ne peut le relever qu'après avoir quitté la touche pour la frapper de nouveau. Sébastien Erard voulut que l'abaissement du marteau, après qu'il a frappé les cordes, se proportionnât au degré d'enfoncement où le doigt maintient la touche, et que, quel que fut cet enfoncement, on eut toujours la possibilité de faire frapper de nouveau le marteau sur les cordes sans relever absolument le doigt, de telle sorte que le pianiste put donner au son tel degré qu'il jugerait convenable, et qu'il pût, sans peine, répéter les notes autant de fois qu'il voudrait sans quitter les touches. Ce problème difficile de mécanique fut résolu d'une manière fort ingénieuse par Sébastien Erard, au moyen de deux leviers agissant en sens inverse et mis en contact par des ressorts ; ce que Sébastien Erard fit pour le piano à queue, Pierre Erard le fit pour le piano carré : il construit aujourd'hui ce genre de piano à double échappement ; au lieu de deux leviers, ce sont deux pilotes qui agissent, le second venant saisir le marteau au moment où le premier l'abandonne.

La maison Erard se subdivise en deux branches : la première, fondée à Paris, vers 1780, et la seconde établie à Londres (18, Great Malborough street), en 1792 ; cette position, à la tête de la fabrication des instrumens de musique dans les deux premières capitales de l'Europe, est fort remarquable ; ce n'est que par des moyens peu communs qu'elle a pu se soutenir en concurrence avec les autres manufacturiers anglais. Pour engager cette lutte à l'étranger, et la continuer pendant un demi-siècle, il fallait le génie de son fondateur qui, à une époque où les Anglais inondaient la France de leurs instrumens, à une époque où on ne voulait que des pianos anglais, fit, à Londres, adopter, par un peuple jaloux et orgueilleux de son savoir faire, la construction française.

Les limites de cet article ne nous permettent pas de rechercher dans les annales de cette maison tout ce qu'a fait et imaginé Sébastien Erard ; nous devons donc nous borner à examiner les travaux de son successeur, M. Pierre Erard, pour l'exposition de 1839.

Un des plus beaux titres dont puisse se glorifier M. Pierre Erard, c'est l'extension accordée à sa *patente*, ou brevet, pour la fabrication de ses pianos à queue à double mouvement. La patente allait expirer, il allait perdre une propriété qu'il n'était parvenu à établir qu'avec beaucoup de temps et d'argent ; ses ouvriers, qu'il avait formés, allaient porter à d'autres facteurs ses moyens de fabrication, il profita d'une loi récente, dont il n'y avait pas encore eu d'application, qui permettait au roi de proroger de sept ans la durée d'une patente, lorsque l'utilité d'une invention était reconnue et lorsqu'il était établi que l'inventeur n'était pas rentré dans ses premières dépenses. Ainsi il demanda une enquête, laquelle fut dirigée par les lords Brougham et Lindurst, membres du conseil de la reine, et eut pour résultat de prolonger de sept ans son brevet.

Le grand piano laissait encore à désirer pour la qualité du son, surtout dans les notes aigues. Un nouveau procédé fut inventé et appliqué dans cette partie de l'instrument ; l'effet en fut très-satisfaisant. Le premier piano à queue présenté par M. Erard à l'exposition, portait la barre harmonique d'un bout à l'autre de l'instrument. M. Pierre Erard a établi trois modèles différens de pianos à queue : le premier, ayant 7 octaves complètes, est destiné aux grands artistes et compositeurs, qui trouvent toujours les bornes d'un instrument trop rétrécies ; le second , ne monte qu'au *sol* et peut suffire pour l'usage ordinaire ; le troisième modèle , composé par M. Erard , est un piano à queue destiné à être placé dans des petits salons. Cet instrument, appelé *demi-grand ,* est d'un pied plus court que le modèle ordinaire , bien qu'il possède comme lui 6 octaves et demie de l'*ut* au *fa* ; sa force d'harmonie est étonnante pour sa dimension.

M. Erard s'étant aperçu que parfois l'agrafe à laquelle les cordes de chaque note sont attachées manquaient de stabilité , a imaginé , pour donner toute la fixité possible à cette partie de l'instrument , de pratiquer les attaches de toutes les cordes dans un bloc solide ; la forme et la disposition de cette pièce la rendait excessivement difficile à exécuter avec toute la précision convenable : la construction de cette seule pièce est presque un tour de force ; toutes les difficultés présentées par ce travail ont été vaincues. Ce perfectionnement apporté dans la fabrication en a amené un autre. M. Erard s'est servi de ce sommier métallique du côté des chevilles pour appuyer les barres longitudinales qui reposent à l'autre bout sur le sommier métallique ; maintenant, ils forment, avec les deux sommiers de pointes et de chevilles, un châssis indépendant de la caisse , dont le corps sonore se trouve ainsi débarrassé.

M. Erard a tâché également d'améliorer les pianos de petite dimension dont on est forcé de faire usage dans nos maisons modernes.

Nous avons remarqué un piano carré de M. Erard, auquel il a adapté le double mouvement , et qui est d'une grande solidité, au moyen d'un châssis métallique , formé , comme au grand piano , par la rencontre des sommiers de chevilles et des pointes avec les deux extrémités des barres longitudinales. Le volume du son était d'une belle qualité , docile au toucher , facile à nuancer , très-solide dans sa construction.

M. Erard a tâché, par ses formes, d'occuper le moins de place possible dans les appartemens. Ses formes ne sont pas toujours régulières ni agréables à la vue ; l'utile peut très-souvent n'être pas gracieux. Tout cependant dépend de l'acquéreur, à qui peuvent plaire des formes plus ou moins bizarres.

M. Erard a exposé également des pianos droits. Dans un de ces instrumens, nous avons remarqué l'application d'un nouveau système d'accord. Ce système consiste en un engrenage pour chaque corde, mis en mouvement par une vis sans fin, ce qui doit donner de la stabilité dans l'attache de la corde. Le mouvement est facile et s'opère par une clé de la grosseur d'une clé de montre ordinaire.

M. Erard nous a habitué à voir à chaque exposition de belles choses : le *piano renaissance* de 1834 était magnifique ; il a été acheté dernièrement par la reine d'Angleterre. Cette année, il s'est surpassé encore par le bon goût de tout l'ensemble de son *instrument de luxe ,* style de François Ier, caisse en noyer , sculpture en bois d'une finesse extrême , peintures délicieuses. Il a été dessiné par M. Cavelier, et peint par M. Josan. Les pieds de cet instrument sont ingénieusement tracés ; cependant nous regrettons ces pauvres petits chiens lévriers dont les pattes servent de pédales , il nous semble toujours que nous allons les entendre crier. Nous voudrions également que la barre du clavier fut dans le même style que la caisse ; les incrustations dont cette partie est surchargée font tort à l'ensemble plein de goût de cet instrument. Le luxe extérieur n'est souvent destiné qu'à cacher la médiocrité du mécanisme ; dans celui-ci, il en relève la valeur. On assure que ce beau piano a été acheté par une sommité industrielle. Parmi les personnes désignées, nous avons entendu nommer M. Sallandrouze Lamornais.

PAPE, à Paris, 19, rue des Bons-Enfans. — Médaille d'argent en 1823 et 1827, médaille d'or en 1834. — Pianos. — M. Pape occupe, sans contredit, un des premiers rangs dans la facture des pianos, et par des efforts constans, il s'occupe à perfectionner incessamment son art. Il ne doit qu'à lui sa fortune et sa célébrité ; simple ouvrier dans le principe, il s'est élevé par degrés jusqu'à créer un établissement qui comptait quatre-vingts ouvriers en 1834, et qui maintenant en occupe et fait vivre au moins cent soixante, lesquels fabriquent par an plus de quatre cents pianos.

Selon M. Savart, il faut, pour qu'un piano soit bon, qu'il joigne un son fort, moelleux et harmonieux, à un mécanisme simple, sensible au toucher et qui puisse marcher long-temps en ne produisant que du son. Voilà le but vers lequel se dirige la fabrication de M. Pape, dont les produits sont nombreux et de formes variées.

C'est à M. Pape que l'on doit la première imitation des pianos anglais verticaux de quatre à cinq pieds de haut, il n'en construisit point un grand nombre, à cause du peu de succès qu'ils obtinrent d'abord ; ce ne fut qu'après l'exposition de 1827 qu'il en construisît de trois pieds de haut, qui devinrent d'un usage général.

Depuis vingt ans, ce facteur a, dans son établissement, marché d'améliorations en améliorations, avec cette constante persévérance à laquelle il doit les plus heureux résultats. En 1827, il abandonna l'ancien système pour y substituer le système inverse. Malgré les difficultés que rencontra ce facteur dans une innovation si importante, il persista dans son travail, à cause des avantages qu'il reconnut dans ce nouveau mécanisme, qui consistait dans des sons plus vigoureux et plus sonores, dans la suppression du barrage en fer, et dans le maintien de l'accord. M. Pape a également porté ses soins sur la table d'harmonie; on ne saurait trop faire d'essais sur cette partie importante de l'instrument. Là encore, il y a des pas à faire vers la perfection ; il faut tâtonner long-temps pour arriver à un résultat véritable ; nous croyons que M. Pape marche pour y parvenir.

Voici, au reste, ce qu'il a fait paraître à l'exposition : un piano à queue de petit format; — un piano carré, plaqué en ivoire ; — plusieurs en forme de console ; — un en forme de guéridon ; — un vertical organisé ; — un harmonica à clavier et étouffoirs.

Le piano à queue, dont la table d'harmonie est placée au fond de la caisse, paraît offrir toutes les conditions désirables de solidité, et possède toute la sonorité de son qu'il est possible d'attendre des meilleurs pianos à queue, dont le volume est de moitié plus grand.

Les mêmes avantages existent dans toutes les autres formes de pianos présentées par M. Pape, et notamment dans ceux en forme de guéridon et de console, qui réunissent l'élégance à la bonté du son.

Le piano carré, de sa nouvelle construction, à marteaux en dessus, est plaqué de feuilles d'ivoires débitées par une machine très-remarquable, de l'invention de M. Pape, qui produit des plaques de douze à quinze pieds de long sur deux pieds et plus de large d'une dent d'éléphant de grosseur ordinaire. Cet instrument est, si l'on peut s'exprimer ainsi, un chef-d'œuvre véritable, et M. Pape s'est montré dans sa confection, non-seulement habile facteur et ébéniste, mais aussi mécanicien.

La plupart des instrumens de M. Pape brillent par le son; on est étonné, dans le piano-guéridon, d'entendre sortir d'un si petit meuble un son volumineux, égal et brillant. Le piano à queue exposé a toute la perfection désirable; il ressemble, par la puissance du son, aux bons pianos anglais.

La supériorité de M. Pape, dans la construction des pianos, se décèle par l'importance et l'accroissement annuels de sa manufacture. Ce facteur occupe communément cent soixante ouvriers; ses prix sont raisonnables, ce qui étend son commerce chaque jour davantage.

Nous recommandons donc à l'attention des artistes et des amateurs qui visiteront l'exposition les instrumens de M. Pape, comme méritant leurs suffrages, tous sont dignes du nom de ce facteur. Il serait difficile de faire un choix parmi tous ces produits de formes si diverses, qui rivalisent par le fini du travail intérieur et extérieur. Il ne nous reste qu'à féliciter M. Pape sur ses progrès et ses succès.

PLEYEL, à Paris, 20, rue du Rochechouart. — Médaille d'argent en 1827, médaille d'or en 1834. — Pianos. — M. Pleyel est un facteur modeste et habile que nous avons rencontré très-rarement dans les galeries de l'exposition. On a droit de se plaindre de l'égoïsme de cet homme de mérite, qui ne révèle que bien rarement, et seulement à quelques amis intimes, son goût et sa délicatesse exquise à exprimer les pensées de Mozart, ainsi que son souvenir si fidèle des traditions des grands maîtres dont il fut l'élève. M. Pleyel est aujourd'hui à la tête d'une des plus grandes fabriques de pianos qui existent en France; car sa maison crée, dit-on, *trois pianos* par jour. M. Pleyel se contente de faire mieux que les Anglais, tout en les copiant. Il a la conviction que le mécanisme anglais est le meilleur; toute conviction doit être respectée, surtout quand elle mène à bien. Ce facteur est parvenu à vaincre une difficulté qui paraissait insurmontable dans les pianos droits : celle de faire rendre l'*ut* de l'extrême basse à une corde qui, par sa position verticale, ne peut avoir que 35 pouces de longueur, lorsque dans le piano à queue elle en a ordinairement 65. M. Pleyel double ses tables d'harmonie, ce qui les empêche de se fendre et de se gercer. Nous avons eu long-temps la croyance que le collage nuisait à la vibration des fibres du bois; nous n'avons pas encore changé d'opinion, malgré les bons résultats obtenus par cet artiste. Nous avons vu des lettres de la Nouvelle-Orléans qui affirment que dans les terres situées bien au-dessous du niveau du Mississipi, la durée d'un piano était estimée à trois ans, et que M. Pleyel, par un nouveau système de ferrement, était parvenu à y envoyer des instrumens qui tenaient l'accord comme dans la température d'un salon.

Les petits pianos construits par M. Pleyel, et destinés à l'usage des commençans, sont fort bons; leur son est assez plein, assez rond, et ils ne coûtent que 750 fr.

Mme la duchesse d'Orléans a acheté un piano vertical en palissandre , et son impatience de le posséder a été telle que, sans attendre la fin de l'exposition, il a été transporté, pour son usage, au château de Villiers.

Nous avons également remarqué l'application , à un piano droit , du régulateur de l'accord, de MM. Le Père et Roller. M. Pleyel s'est empressé de s'associer à ces messieurs pour l'exploitation de leur invention, appelée à un grand avenir.

M. Pleyel a fait une innovation à laquelle nous applaudissons sincèrement , si elle peut apporter remède au mortel usage des commissions exagérées, c'est celle de donner à ses instrumens un prix fixe et invariable.

ROLLER et BLANCHET, à Paris , 16, rue Hauteville. — Médaille d'argent en 1823, rappel en 1827, médaille d'or en 1834. — Pianos. — On aime à suivre M. Roller dans son essor industriel; il est né facteur comme on naît poète; dès sa jeunesse, un entraînement instinctif dut le porter vers l'art qu'il était appelé à faire grandir. Ce facteur, jeune encore, est élève de son père, qui, à l'imitation de Sébastien Erard, se mit à établir des pianos dès l'an 1790. Roller, vers 1821, remarqua combien était vicieux le mode de construction des pianos; nos pères faisaient d'abord la caisse, et ils ajustaient ensuite les charpentes intérieures destinées à résister au tirage des cordes, qui fut et sera toujours une des grandes difficultés de l'art de la facture; la somme de ce tirage dans un piano carré ordinaire peut être estimée à 5 à 6,000 kil. Il changea tout-à-fait ce système, et il ne colla plus les parois de ce meuble qu'après avoir établi le bâtis intérieur. Il chercha à substituer une division correcte du chevalet à celle qui était alors fort défectueuse, et améliora la pureté du son et la facilité de l'accord par de nombreux changemens dans la disposition du sillet et des contre-pointes.

Nous citons les travaux antérieurs de M. Roller, parce que chaque année, chaque mois même, apporte dans sa fabrication une innovation heureuse, et qu'il serait difficile d'énumérer autrement tout ce que la facture ordinaire doit à son heureuse imagination et à son ingénieuse exécution.

Nous voici arrivés à son *piano transpositeur,* qui fut la base de sa réputation; mais, pour M. Roller, cette invention si remarquable n'était plus un problème difficile à résoudre, car le mouvement du clavier à droite ou à gauche n'exigeait que deux conditions : 1° *les marteaux parfaitement en ligne droite ;* 2° *les espaces des groupes de chaque note bien égaux ,* et, comme je viens de le dire, ce facteur était déjà parvenu à les remplir. M. Roller, par cette invention, est venu en aide aux amateurs et même à quelques professeurs , en leur rendant facile la transposition d'un ton dans un autre,

De 1823 à 1827, M. Roller chercha à améliorer la puissance du son dans les pianos carrés ; il échangea la place des sommiers (celui des chevilles et celui des pointes d'attache) qu'il fabriqua en fonte. Depuis long-temps cet échange était pratiqué dans la facture anglaise ; mais nous croyons que c'est à M. Roller qu'on doit l'idée de faire régner la table d'harmonie sous une espèce de pont et qui suit la forme du chevalet, et sur lequel les

pointes d'attache trouvent l'immobilité nécessaire à la solidité de l'accord de cet instrument, ce qui est une des nombreuses conditions de la vibration parfaite et de la sensibilité du mouvement des chevilles.

En 1826, vers l'époque de l'association de M. Roller avec M. Blanchet, dont les connaissances profondes en mathématiques et en physique sont souvent venues en aide à M. Roller, M. Blanchet, étant allé chez Mᵐᵉ......, y remarqua un piano vertical anglais; il s'aperçut combien il était embarrassant, placé dans le milieu d'un salon, ou contre un mur, l'exécutant tournant alors le dos à la compagnie. En rejoignant son associé, il lui posa ce problème : *Abaisser la hauteur du piano vertical de manière à pouvoir le placer au milieu d'un salon, comme le piano carré, sans rien diminuer des qualités qui le distinguent.* M. Roller entreprit de le résoudre, et l'apparition de ce nouveau genre de piano fut un événement dans le monde musical. Tous les facteurs se mirent à copier ou à imiter les pianos droits (ou pianos verticaux à cordes diagonales) de Roller et Blanchet. Cette dénomination fut donnée par l'auteur à ses pianos, pour éviter qu'on ne les confondit avec les pianos en secrétaire ou piano de cabinet, en usage depuis long-temps en Angleterre. A l'exposition de 1834, on comptait presqu'autant de pianos verticaux, de trois à quatre pieds, que de pianos carrés, et leur nombre était peut-être encore plus considérable cette année. Avant M. Roller, les pianos verticaux péchaient par les basses et étaient criards dans le haut : ils ne servaient que comme jouets d'enfans; on fut donc tout étonné d'entendre, à l'exposition de 1827, un piano droit qui faisait plaisir et qui était agréable par sa forme petite et élégante. Nous indiquerons à ceux qui désireraient plus de détails sur ce piano droit l'examen qu'en a fait, d'une façon si habile, M. F. J. Fétis dans la *Revue musicale* (tom. II, p. 82). Cependant le premier mécanisme, qui paraissait alors parfait, fut loin de satisfaire M. Roller; il l'abandonna et il le remplaça par un nouvel échappement, supérieur à ceux des pianos verticaux anglais. Dans ceux-ci l'échappement est fixé sur la touche, et fonctionne dans une entaille faite à la noix du marteau près de son pivot; par le frottement d'un bouton sur une partie coupée en pente, cet échappement, au fur et à mesure qu'il monte en poussant le marteau vers la corde, se renverse peu à peu, quitte l'entaille et le laisse retomber à son point de repos. Ce décrochement est sensible sous le doigt qui met en mouvement la touche ainsi que le frottement du bouton sur la pente de l'échappement. Dans le système de M. Roller, au contraire, le jeu de l'échappement se fait sur la touche par l'extrémité opposée; l'autre est fixée à la noix du marteau, près du pivot, par une goupille sur laquelle il peut tourner.

Une petite équerre, mobile sur son angle, est placée à l'angle ouvert en dedans, derrière le bas de l'échappement, à une distance nécessaire à son jeu seulement, de telle sorte qu'une branche est parallèle à cet échappement et lui est unie par un petit fil de cuivre. Presqu'au bout de la touche est une entaille et une vis à tête ronde, qu'on peut hausser ou baisser pour régler le jeu du marteau. En posant le doigt sur la touche, l'échappement est soulevé, en même temps, par la vis à tête ronde; la branche horizontale de l'équerre l'est pareillement. Par ce mouvement, la branche parallèle à l'échappement se renverse, l'attire à elle par le petit fil de cuivre qui y correspond, et lorsqu'il est arrivé au bout de sa course, après avoir fait frapper le marteau sur la corde, il retombe par son poids et celui du marteau dans l'entaille pratiquée au bout de la touche. Deux petits ressorts, l'un placé devant le marteau, l'autre derrière l'équerre, ramènent immédiatement toutes les pièces en place après leur effet. On voit que, par ce moyen, le marteau doit arriver sur la corde avec toute la vivacité que peut lui imprimer la touche. Rien de l'impulsion donnée n'est affaibli ou modifié. On peut lire avec intérêt le rapport fait à l'Institut sur cet échappement, le 18 juin 1832, et celui de la société d'Encouragement, de la même année. M. Roller appliqua encore à ses pianos un système nouveau d'*attrape-marteaux*, qui est un modèle de simplicité. L'échappement de M. Roller, déjà si facultatif en 1834, a reçu encore depuis un nouveau degré de perfectionnement. L'inventeur a abaissé le point de contact de la touche avec l'échappement de façon que l'arc décrit par l'extrémité de celui-ci est le plus doux possible, et que le frottement dans le jeu de ces deux pièces importantes du mécanisme est diminué considérablement. On peut comparer à cet égard le dessin de l'échappement joint au rapport de l'Institut et celui adapté aux nouveaux pianos droits de l'exposition de 1839. Cette spécialité, pour ainsi dire, de la facture des pianos droits, a remporté la médaille d'or en 1834; au suffrage unanime du jury est venu se joindre celui des grands artistes; aussi nous voyons figurer au nombre des acquéreurs de cet instrument les Berton, les Auber, les Onslow, les Désormery, les Pradher, les Zimmermann, les Woët, les Nadermann, les Thalberg; MM. Levasseur, Ponchard, Ch. Plantade; Mmes Dorus-Gras, Falcon, Rigaud et bien d'autres encore sont venus confirmer ce jugement.

On croirait peut-être que M. Roller, satisfait d'un aussi brillant résultat, va s'arrêter et jouir tranquillement de ses précédens travaux; mais non, ce facteur a compris que, dans l'industrie, *s'arrêter c'est reculer :* il s'est remis au travail, et a cherché par mille moyens à résoudre cette question, restée toujours sans solution complète, malgré les efforts de nos plus habiles facteurs, pour qui l'Angleterre n'offre plus de rivaux. *Augmenter la puissance de la sonorité dans le piano, de manière à ce qu'il devienne un instrument d'orchestre dans un vaste local :* M. Roller a tâché d'arriver à cette solution par deux moyens; 1° *dans le piano à queue à table renversée (trois cordes),* il fait attaquer les marteaux en dessus du sillet. Il place ensuite, le plus près possible du plan des cordes, le pivot au centre du marteau, afin de rapprocher, autant que possible, de la perpendiculaire à la corde la direction du dernier élément de l'arc décrit par le marteau; ce qui permet d'utiliser une partie d'autant plus grande de la force d'impulsion transmise par le mécanisme. Le second moyen par lequel M. Roller croit arriver à résoudre le problème, c'est *son piano à double queue (à trois cordes sur l'une et l'autre table).* Au moyen d'une pédale, on peut, en jouant, isoler à volonté l'un et l'autre système de marteaux, en conservant au clavier la facilité ordinaire, et ajoutant aux ressources de l'exécutant pour nuancer ses effets. On conçoit aisément que le tirage des cordes supérieures et inférieures, établi sur les deux tables entièrement symétriques, donne évidemment une garantie pour la solidité de l'accord. Ces deux pianos, que nous avons examinés avec une scrupuleuse attention dans les ateliers de ce facteur, et qui n'ont pu être exposés faute d'espace, ajouteront, nous n'en doutons nullement, à la réputation de leur auteur.

Nous ne nous occuperons pas des pianos droits à 6 octaves, ni de celui à 6 octaves et demie, parce que c'est le même système perfectionné, il est vrai, que celui qui a obtenu la médaille d'or. M. Roller a d'autres titres à faire valoir ; nous arrivons à son application de l'invention de M. Le Père, membre de l'Institut d'Egypte ; ce savant architecte auquel Paris doit la colonne de la place Vendôme. Les recherches de M. Roller au sujet de cette invention sont innombrables. On peut s'en faire une idée, en examinant le *régulateur oculaire de l'accord*, tel que M. Le Père le soumit à ce facteur. Il est des choses qui, pour être utilement employées, ne peuvent être imparfaitement exécutées.

M. Le Père, frappé depuis fort long-temps du grand inconvénient qu'offrait le piano dans la difficulté de maintenir et d'établir l'accord, chercha à le faire disparaître. Étant parvenu à résoudre son problème par un certain mécanisme, il s'adressa à M. Roller pour le perfectionner et l'appliquer aux pianos. Avec le piano muni du *régulateur*, on n'a plus besoin d'accordeur, quand même on serait sourd. Par l'emploi d'un moyen matériel, indépendant de la perception des sons, chacun peut accorder son piano ; ce moyen consiste en un *indicateur* sensible à l'œil, et pour le réglement duquel la vue remplace l'ouïe.

MM. Le Père et Roller assujettissent les cordes métalliques à l'action d'un ressort, et, au moyen d'un indicateur adapté à ce ressort, on peut se rendre compte du degré de tension ou de détension de ces cordes. On sait que le désaccord d'une corde est produit par l'effet de la rétractation ou de la dilatation du corps qui la compose, ou souvent encore par l'action météorologique sur les pointes d'attache de ces cordes. Par l'emploi d'un ressort, de forme circulaire dans le haut, et plus ou moins allongé dans le bas, lequel porte un indicateur qui montre l'action quelque minime qu'elle soit de la corde sur ce ressort, MM. Le Père et Roller sont parvenus à déterminer à la vue la perte de l'accord métallique, cette perte étant même insensible à l'oreille la plus exercée. Quand le piano est parfaitement d'accord, on règle tous les indicateurs au moyen d'une petite vis ; cet indicateur étant tenu aux deux bras du ressort, en sentira toutes les variations si la corde se détend ; il en sera de même dans le ressort, alors l'indicateur descendra ; si, au contraire, il y a surcroît de tension, l'indicateur remontra. Alors, au moyen de la vis de tension à laquelle est attaché un bras du ressort, et qui se trouve fixé au sommier, on tend ou détend le ressort jusqu'à ce que l'indicateur soit ramené au point fixe de l'accord. Ainsi, en ouvrant son piano, l'amateur, sans frapper les touches, n'aura qu'à ramener, au moyen de la vis du sommier, les indicateurs divers qui auraient changé de place dans leurs position primitive, et l'instrument sera d'accord. L'application de ce régulateur aux pianos n'augmentera la dépense que d'environ 200 fr., qui seront bien compensés par les frais et l'ennui causés par les accordeurs. Une des choses les plus remarquables de cette invention c'est le petit espace occupé par ces divers ressorts dans le piano à deux cordes exposé; car il s'agissait de résister à une force d'environ 12,000 livres. Beaucoup de personnes ont demandé s'il n'était point à craindre que le ressort ne faiblit par une tension prolongée; M. Le Père a chez lui un ressort qui, depuis nombreuses années, supporte un poids double de celui voulu par la corde, et qui n'a éprouvé aucune variation perceptible dans sa force.

M. Roller, pour éviter dans les pianos à trois cordes un trop grand nombre de ressorts divers, est parvenu à adapter les trois cordes de la note au bras d'un seul ressort. Il s'est convaincu, par des épreuves souvent réitérées, que des cordes parfaitement homogènes éprouvaient toujours les mêmes perturbations. Si une corde se casse on la rattache, on la tend ensuite convenablement avec les chevilles anciennes qu'il a conservées, et on finit par rétablir l'unisson parfait au moyen d'une petite vis de rappel dont chaque corde se trouve munie et qui est fixée sur la petite pièce mobile destinée à réunir les trois cordes pour les joindre par un crochet au bras du ressort.

A cette invention M. Roller a joint un nouveau perfectionnement dans la construction de ses pianos, qui consiste à remplacer les chevilles ordinairement employées dans les pianos, par des vis de tirage dont l'extrémité tient aux ressorts; ces vis avancent et reculent sans tourner sur elles-mêmes. Ce facteur a supprimé également l'emploi des pointes en cuivre fixées sur l'ancien sillet en bois et qui ont été employées jusqu'à présent pour déterminer la partie vibrante de la corde. Ce procédé ancien produisait un frottement excessif sur les cordes, qui les faisait souvent casser en cet endroit, et la cheville n'agissait d'une manière immédiate que sur une partie de la corde qui ne doit pas vibrer, tandis que son action n'est que successive, fort lente et incomplète sur la partie vibrante ; M. Roller a remplacé le sillet ordinaire par un sillet mobile en métal, qui se meut dans une petite rainure. Ce sillet est percé d'un trou pour chaque corde qui y est fixée au moyen d'une vis, de sorte qu'en tendant ou détendant la corde, le sillet fait un mouvement de rotation qui emmène la corde, laquelle alors se tend ou se détend sans aucun frottement. Le piano, grace à l'invention de M. Le Père, et aux perfectionnemens successifs de M. Roller, semble avoir atteint une perfection à laquelle il était difficile de croire qu'il pût jamais atteindre.

Un des plus beaux résultats de MM. Roller et Blanchet, et que le gouvernement n'a pas peut-être assez apprécié, c'est que ces facteurs sont parvenus, sans rien demander à des mains étrangères, allemandes ou anglaises, à produire des instrumens qui rivalisent depuis dix ans avec ce que les Broadwood et les Stodart ont fait de mieux ; et que les frontières se trouvent pour ainsi dire fermées aux pianos de Vienne et des bords du Rhin, si attrayans sous le rapport du bon marché. L'atelier de Roller a fourni de nombreux facteurs ; MM. Boutron, Guerber, Moniot, Thomas, Souffletto, Mercier, Gibaut, Bernard, Mermes, etc., etc., sont de jeunes facteurs, *tous Français*, qui ont fait chez lui leur apprentissage; plusieurs d'entre eux figuraient avec distinction à l'exposition.

Cette maison est une des quatre premières de Paris pour l'importance numérique; mais une erreur dont nous sommes amenés à parler, c'est de mesurer l'importance d'une maison au nombre des ouvriers qu'elle occupe. Il est évident que celui qui crée ne peut produire autant que celui qui se borne à exploiter les procédés connus ou copier des produits étrangers ; c'est aussi un mérite, nous l'avouons, mais tout le monde pensera avec nous que le premier est supérieur à l'autre de la hauteur du talent au génie.

Le roi, dans sa dernière visite, a écouté avec une grande attention l'explication du régulateur, et a fait compliment aux auteurs sur la simplicité du mécanisme et sur son excessive précision. Justice a été rendue à M. Roller à l'exposition dernière ; en 1839 , ce facteur a mieux fait encore; il y a chez lui progrès.

HERTZ, à Paris, 38, rue de la Victoire.—Pianos.— M. Henri Hertz occupe aujourd'hui un des premiers rangs dans la facture des pianos; à la qualité de professeur émérite, de compositeur célèbre, il a voulu joindre celle de facteur, car pianiste habile, il a appris souvent aux dépens de son amour-propre d'artiste, les défauts de la fabrication. C'est à cette alliance sans doute des grands artistes aux bons facteurs, que l'on doit le perfectionnement progressif des instrumens. Le facteur vraiment parfait serait celui qui réunirait en lui seul toutes les qualités requises dans un ouvrier habile, à celles qui appartiennent au parfait exécutant, mais ne pouvant trouver, rassemblées dans un seul homme, tant de spécialités différentes, on doit savoir gré aux artistes qui unissent leur puissance intellectuelle au savoir mécanique du fabricant, ils réalisent une pensée juste que les esprits droits ne sauraient désavouer, mais à côté de ce bien réel est un mal qu'il faut éviter, ce mal est celui de faire rejetter de tous les salons que fréquentent ces *professeurs-facteurs*, les instrumens qui ne sortent pas de leurs ateliers, en refusant de jouer sur ces pianos. Que deviendrait la petite facture si les deux ou trois premiers maîtres de Paris s'entendaient pour établir ainsi un monopole instrumental.

On a reproché, il y a quelques années, aux pianos sortant de la fabrique de M. Hertz, certains défauts tous du chef de son associé, facteur étranger; mais aujourd'hui M. Hertz s'est mis à la tête de son établissement, les défauts, dont lui-même s'était aperçu, ont été corrigés et ils ont fait place à des qualités fort précieuses. On reproche à tort aujourd'hui à M. Hertz, de n'être pas facteur et de ne pouvoir, par conséquent, diriger par lui-même ses ateliers, ce reproche est tout-à-fait banal, car il suffit pour être facteur de bien connaître la *théorie de la construction*, dont l'ensemble constitue un bon instrument, connaissance facile à acquérir, et M. Hertz possède en outre ce qui manque presque toujours à l'ouvrier, cette finesse de tact et de sentiment, qui seule fait apprécier toute la délicatesse des tons et toutes les nuances des effets.

M. Hertz s'étant aperçu que presque tous les pianos péchaient par trop ou trop peu de légèreté dans le jeu, par le manque d'égalité dans les trois parties qui constituent l'instrument et par le jeu mal combiné des pédales, a cherché à remédier à ces inconvéniens divers; dans tous les instrumens qu'il avait exposés on s'apercevait des efforts qu'il a fait pour y parvenir. Ses pianos sont faits sur le système anglais, l'échappement est perfectionné et mieux fini que dans les divers pianos de cette nation. Il a adopté le barrage en fer, mais il l'a établi double, ainsi la table d'harmonie se trouve enveloppée en dessus et en dessous. Le corps du piano ainsi contenu est d'une solidité parfaite et tient très-bien l'accord. Le clavier dont personne n'est plus à même qu'un *pianiste-facteur*, de juger les avantages ou les défauts, a été l'objet des soins particuliers de M. Hertz, qui a résolu un problême difficile, celui de concilier la promptitude avec la force et la netteté du jeu. Les mortaises des touches sont garnies en buffles pour éviter le bruit du fer contre le bois.

Pour obtenir un son plus net dans la partie du dessus, le facteur a appliqué un chevalet en cuivre d'une seule pièce et d'une solidité extrême; les formes et les ornemens de ses instrumens sont gracieux et de bon goût. M. Hertz est le premier facteur qui ait construit des instrumens à sept octaves complètes. Il était bien difficile de parvenir à faire rendre un son net et distinct à une corde d'une si petite étendue ; dans les pianos de ce facteur, ces sons sont assez ronds et assez distincts. Les facteurs ont beaucoup critiqué cette innovation au moment de son apparition, mais aujourd'hui nous voyons plusieurs claviers s'étendre jusqu'au *sol.* Nous avons également apprécié dans les instrumens de M. Hertz l'effet d'une pédale *una corda;* dans d'autres pianos cette pédale fait que le marteau ne frappe qu'une seule corde, et voilà tout ; ici le marteau, par un certain mécanisme, frise la corde légèrement et en fait sortir des sons harmonieux pleins de pureté. L'industrie et le commerce ont à se louer de M. Hertz, qui est parvenu à diminuer le prix des instrumens et qui donne bon et beau à un prix très-modéré.

M. Hertz a également exposé un *dactylion,* instrument à ressorts, destiné à délier et fortifier les doigts, si originalement dépeint par l'inimitable Dantan dans une de ses charges, comme une rangée de souricières. Le dactylion de M. Hertz doit donner de la *force,* de l'*égalité* et de l'*agilité.* La construction de cet instrument est telle qu'en plaçant les doigts dans les anneaux suspendus au-dessus des touches, l'avant-bras et la main se trouvent dans leur véritable position, et l'exécutant se trouve dans l'impossibilité de contracter de mauvaises habitudes. Nous reconnaissons l'utilité et les avantages de ce moyen mécanique, mais nous aurions voulu moins d'égalité dans la force des ressorts, car aucun de nos doigts n'a une force égale ; ainsi le pouce a une force beaucoup plus prononcée que celle du troisième doigt. Nous aurions voulu aussi que M. Hertz combinât son mécanisme de manière à augmenter ou à diminuer à volonté la force de l'un ou l'autre ressort pour pouvoir, dans les classes et les pensions, les régler sur l'âge et la force de l'élève. A cet instrument pratique, son auteur a joint un travail intellectuel, c'est un recueil de cent exercices d'un usage d'une difficulté graduelle.

Si la facture doit à M. Hertz de bons pianos, le monde artistique et fashionable lui doit une délicieuse et magnifique salle de concert, qui, selon l'expression d'un écrivain, est aussi un *instrument* d'une sonorité bien étendue et calculée selon les lois de l'harmonie et de l'acoustique. Cette salle, qui joint, chose bien rare en ce temps, la commodité à l'élégance, sert à la fois pour les concerts et comme lieu d'exposition; c'est un ouvrage de luxe dont l'art et l'industrie doivent retirer un égal avantage. Les sacrifices que cette construction toute grandiose ont dû coûter à M. Hertz, l'intelligence que ce chef habile a su déployer dans l'ordonnance des tracés et dans la direction des travaux, doivent recommander bien haut, non seulement la fabrication, mais l'établissement de M. Hertz à l'attention des artistes en général, et particulièrement des pianistes, à la tête desquels il s'est placé, comme exécutant et comme compositeur.

BOISSELOT et Fils, à Marseille (Bouches-du-Rhône). — Médaille d'argent en 1827, rappel en 1834 — Pianos. — Mme Boisselot, de Marseille, sont les premiers facteurs de province qui aient exposé en 1827 et 1834, des instrumens à clavier. Ces facteurs ont établi à Marseille de grands ateliers où sont journellement occupés soixante à quatre-vingts ouvriers. MM. Boisselot veulent jouter avec Paris. Le piano qui figurait à la dernière exposition avait une fort belle qualité de son, une parfaite égalité et sa construction était très-finie dans tous ses détails; aussi a-t-il mérité et obtenu l'approbation de beaucoup d'artistes. MM. Boisselot se sont présentés cette année avec une invention nouvelle, par laquelle ils prétendent maintenir l'unisson parfait des cordes.

Les pianos ont éprouvé de nombreux changemens, ils présentent encore plusieurs imperfections dont les plus saillantes se font remarquer surtout dans la peine qu'éprouvent les amateurs à repasser eux-mêmes l'accord ou à remettre des cordes. C'est à la campagne que l'on éprouve surtout cet inconvénient qui a fixé depuis long-temps l'attention des facteurs. Nous avons, dans un de nos précédens articles, indiqué le moyen présenté par MM. Le Père et Roller pour y obvier. MM. Boisselot, de leur côté, sont parvenus à faire, que le *premier musicien venu* puisse accorder son piano, ou remplacer facilement les cordes rompues.

La première difficulté que l'on éprouve en accordant les pianos ordinaires est celle de distinguer, en frappant une touche du clavier, à quelle cheville cette touche correspond : pour faire disparaître cette indécision, MM. Boisselot ont appliqué à leur piano une invention qui rend l'erreur impossible, et qui n'exige pour les pianos à deux cordes les plus généralement répandus que quatre-vingts chevilles au lieu de cent soixante employées jusqu'ici. Chacune des chevilles tend à la fois, en les maintenant dans un état d'unisson parfait, les deux cordes dont le concours est nécessaire pour former la note. Cette tension, qu'un enfant peut opérer sans aucune clé, est douce et graduée.

MM. Boisselot fixent à la partie du sommier des pointes les extrémités d'une corde métallique ayant une fois plus de longueur que les anciennes, et décrivant une anse allongée dont la courbe se trouve déterminée par le diamètre d'une poulie fixe dans la gorge de laquelle elle est reçue. Les extrémités de la corde sont passées dans deux petites ouvertures latérales pratiquées dans les tubes qui remplacent les pointes d'attache; elles s'y croisent et s'y trouvent maintenues par une vis de pression qui entre dans la partie supérieure et vient s'appuyer sur les bouts croisés de la corde.

Les branches parallèles formées par l'anse donnent des cordes jumelles, dont le diapason est limité par le sillet et le chevalet. La tension ou le relâchement de chaque paire de cordes s'obtient d'une manière uniforme, en conservant l'*unisson*, au moyen de la poulie qui, se trouvant fixée à l'extrémité d'une vis horizontale, obéit à l'action d'un écrou dont la surface dentée vient s'engrener à une vis sans fin placée verticalement.

Ce procédé est simple et semble ne pas pouvoir manquer de réussir; il faut absolument une corde dont toutes les molécules soient homogènes; sans cela, point d'unisson possible; on a obvié à cet inconvénient au moyen de la poulie qui est rendue mobile à volonté, et qui sert à régler les cordes; cependant, en supposant même la possibilité d'une corde bien homogène dans toutes ses parties, l'unisson sera encore difficile à maintenir. C'est, il est vrai, toute objection à part, une idée ingénieuse qui doit faire honneur à la sagacité de ces facteurs.

MM. Boisselot ont perfectionné l'idée qui a servi de base à leur nouveau procédé, et on pourra obtenir par la suite d'heureux résultats d'un mécanisme qui permet à tout musicien d'accorder ou de repasser lui-même son piano sans le secours d'aucune clé, avantage inappréciable à la campagne ou dans les localités isolées.

MM. Boisselot ont exposé aussi un piano à corde doublée sur une pointe d'attache et montée sur des chevilles. Depuis quelque temps il existe de ces sortes de pianos en Angleterre. Nous avons remarqué également au nombre de leurs instrumens un piano à queue de cinq pieds deux pouces seulement, qui a mérité, en 1837, par sa construction, l'approbation de l'Académie des Beaux-Arts, et qui doit remplacer avantageusement le piano carré. Mais ce qui doit mériter à MM. Boisselot les suffrages des artistes, c'est d'être parvenu à fixer la corde sans œillet et sans la tourner sur elle-même ; leur procédé simple et efficace mérite l'attention de tous les connaisseurs.

Nous n'avons que des éloges à adresser à MM. Boisselot, qui ont su donner à leur établissement, en Provence, une importance à laquelle n'atteint pas souvent la majeure partie des facteurs parisiens, et ce résultat n'est dû qu'à leur véritable mérite.

ROSELLEN FRÈRES, à Paris, 1, rue Saint-Nicaise. — Pianos. — MM. Rosellen frères ont une bonne facture, la solidité et la qualité du son ne laissent rien à désirer. Ces facteurs sont parvenus à établir, avec des marteaux nouvellement garnis par eux, des pianos dont le son ne s'altère jamais. Le mécanisme est le système anglais ; les marteaux sont tenus dans des fourches en cuivre, et séparés les uns des autres. Dans l'ancienne manière de fabriquer, les marteaux étant tenus par division de douze, la barre des marteaux étant dans un sens oblique, il fallait que le centre de la noix fut percé aussi obliquement, ce qui forçait les marteaux à décrire un arc de cercle pour atteindre la corde; le coup était alors moins fort, mais les cintres garnis s'usaient très-promptement, parce qu'ils étaient frottés angulairement. On doit savoir gré à MM. Rosellen de ce perfectionnement apporté au mécanisme. Ici se présente encore l'union du pianiste et du facteur. M. Henri Rosellen est un pianiste distingué qui a beaucoup étudié l'instrument; son frère s'est adonné entièrement à la fabrication. Après avoir passé six années dans les ateliers de MM. Ignace Pleyel et Cie, il s'est établi facteur. MM. Rosellen sont de véritables concurrens de M. Pleyel, car leurs pianos sont de mêmes dimensions et aussi finis que les siens, et sont généralement cotés beaucoup moins chers.

Nous savons que l'intention de ces facteurs est de construire de petits pianos à queue qui ne coûteront pas plus que les pianos carrés, tiendront moins de place et seront supérieurs, assurent-ils, comme qualité de son. Nous regrettons beaucoup qu'ils n'en aient pas encore d'achevés. Nous espérons que leurs instrumens seront d'une facture supérieure et dignes de la réputation que MM. Rosellen frères ont acquise dans le monde artiste.

LINCK , à Paris , 27, place de la Bourse. — Piano édyphone. — Le piano que ce fabricant avait exposé est surnommé *édyphone,* à cause de la pureté de ses sons , mais il a bien un autre mérite encore, sur lequel nous devons surtout insister. En général on nomme assez souvent progrès, ce qui n'est au fond qu'un échange dans quelques formes plus ou moins équivalentes pour les résultats. Mais ici le perfectionnement est réel et d'autant plus remarquable qu'il était très-désiré et réputé presqu'impossible. Tout connaisseur en fait de pianos sait qu'il fallait jusqu'ici se priver de l'avantage des frappemens en dessus des cordes , vu que, par la complication du mécanisme, le clavier devenait d'une dureté pénible, pour simplifier et rendre en même temps facile et durable le nouveau mécanisme. M. Linck a diminué le nombre des ressorts et des frottemens, puis adapté avec succès un échappement estimé le meilleur et le plus en usage. Cet échappement opère sans qu'on puisse ressentir aucun frottement au toucher ; il donne aussi une force prodigieuse au marteau pour attaquer les cordes, de sorte qu'on obtient à la fois puissance de son et douceur de clavier.

THOMAS , à Paris , 101 , rue Saint-Denis. — Pianos. — M. Thomas avait exposé deux pianos : l'un carré, l'autre droit, tous deux à trois cordes, 6 octaves et demie, dans lesquels le mécanisme également perfectionné facilite singulièrement l'exécution. Il est des facteurs de pianos dont tout l'art consiste à ne fabriquer qu'à des prix fort élevés ; M. Thomas, au contraire, s'applique à produire à bon marché ; on trouve chez lui des pianos de toutes dimensions et garantis pour la confection depuis 500 jusqu'à 1,500 fr. Ceci vaut la peine d'être noté en passant.

RAVENNE et BLONDEL , à Paris , 1 , rue du Faubourg du Temple. — Pianos. — Les pianos que cette maison avait exposés sont du nombre de ceux devant lesquels les amateurs s'arrêtaient avec intérêt. Nous avons nous-même visité les ateliers de MM. Ravenne et Blondel , nous avons pu nous rendre ainsi compte des soins que ces messieurs apportent à leur fabrication ; leurs pianos se recommandent par leur extrême solidité, comme aussi par la belle qualité du son. C'est une fabrique qui mérite des encouragemens, aussi plusieurs pianistes distingués l'ont-ils honoré de leur confiance. Que MM. Ravenne et Blondel persévèrent dans la voie de conscience et de loyauté qu'ils se sont tracée , et nous prédisons un bel avenir à leur établissement.

BELLE Père et Fils, à Paris, 356, rue Saint-Denis. — Pianos. — Parmi les pianos qui figuraient à l'exposition, nous avons remarqué ceux qui sortaient des ateliers de ces facteurs distingués, auxquels on doit d'avoir contribué les premiers au perfectionnement de leur art, car M. Belle, avant de fabriquer à son nom, avait long-temps travaillé pour l'une des plus anciennes fabriques de Paris, et certains beaux pianos qui sortaient de cette maison étaient faits par lui. Pour en revenir à celui que ces messieurs avaient exposé , la forme nous en a paru nouvelle ; sa construction intérieure , exactement celle d'un piano à queue , permet de le placer ainsi qu'un guéridon au milieu d'un salon. Les sons que nous en avons tirés étaient d'un grand volume, très-purs et d'un moelleux exquis.

HATZENBUHLER (Baptiste), à Paris, 63, faubourg Saint-Antoine.— Pianos de formes diverses.— M. Baptiste Hatzenbuhler avait exposé cinq pianos de différentes formes et tous fort remarquables. Un piano carré, un piano droit cordes obliques, un piano vertical grande dimension , un piano vertical (nouveau système) , un piano unicorde d'ébène , dit du *premier âge* , dont M. Baptiste Hatzenbuhler est l'inventeur, et combiné de manière que la main d'un enfant de cinq ans en peut embrasser l'octave. Ce nouveau facteur, dont la fabrique a pris en peu de temps une grande extension, a réalisé les espérances que ses premiers produits avaient fait concevoir , beauté simple, forme riche, solidité de construction, mécanisme aisé , douceur de touche ; tels sont les avantages qu'offrent ses pianos, en outre de l'agrément de leurs sons. M. Baptiste Hatzenbulher , fabriquant de ses propres mains, peut nécessairement livrer ses produits à des prix très-modérés.

PFEIFFER , à Paris, 132, rue Montmartre. — Pianos et harpes. — M. Pfeiffer, est un de ces hommes que l'on ne saurait trop honorer ; il est le premier entré dans la carrière à l'exposition de 1806 , et à cette époque il offrit aux yeux du public un piano vertical et un triangulaire, formes et systèmes à peu près inconnus en France. Il ne s'est ni fatigué , ni rebuté, et nous l'avons vu à toutes les solennités industrielles jouter et mériter de nouvelles récompenses ; la spécialité de M. Pfeiffer , quoiqu'il fabrique tous les genres, est le piano carré, dont il est pour ainsi dire le créateur, car avant le perfectionnement qu'il lui a fait subir cet instrument était fort peu estimé. Ce facteur appliqua au piano carré la *longue table d'harmonie* et le *mécanisme à échappement*. Dès lors les conditions principales de sonorité furent fixées à l'égard des pianos carrés , ce nouveau genre de fabrication a depuis été imité dans toute l'Europe , et peut être à juste titre considéré comme un des plus notables perfectionnemens apportés jusqu'à ce jour à la facture du piano.

M. Pfeiffer s'étant aperçu que , dans la facture ordinaire , le tirage déjà si considérable ayant lieu à huit pouces six lignes au-dessus du fond, il en résulterait que celui-ci se fatiguait de plus en plus , et finissait par décrire une courbe , il a cherché à remédier à cet inconvénient en évitant surtout d'alourdir considérablement la charpente du fond et des sommiers , alourdissement qui éteindrait en partie les vibrations, et qui ajouterait à un appareil , déjà volumineux, un poids fort incommode. Ces essais ont été multipliés, et chaque année a été marquée par un perfectionnement. En 1819, il mérita un rapport très-favorable du jury, qui lui donna une médaille d'argent.

Voici en quoi consiste sa nouvelle construction de pianos carrés : les caisses n'ont que huit pouces six lignes de hauteur, et le fond , qui est à jour, n'a que vingt lignes d'épaisseur ; le mécanisme a quatre pouces six lignes d'élévation ; une seule barre de fer de six lignes d'épaisseur sur trente lignes de largeur, avec un bord de trois lignes relevé en baguette, qui est placé à treize lignes de distance des cordes, et sur laquelle est assise la table d'harmonie, suffit seule pour empêcher toutes les déviations que nous avons signalées dans les instrumens ordinaires. Cette barre de fer se partageant en arcs-boutans scellée aux deux sommiers, il en résulte que la force de traction ne saurait produire les conséquences fâcheuses qu'elle provoque toujours ; de plus, s'étendant sur le même champ et si près des cordes, il faudrait, pour que l'accord ne tînt pas, que le fond de la caisse s'allongeât, chose impossible par suite de son mode de fabrication. Un nouveau système d'étouffoirs lui a permis de les placer sous les cordes de la table, de sorte que par ce moyen les sons sortent libres par en haut et en bas, le fond étant à jour.

Les instrumens de M. Pfeiffer semblent avoir atteint le point de perfection dans leur forme et leur qualité, car ils sont sonores, légers et solides à la fois, et leur prix modique est d'un grand avantage pour le commerce. Les pianos de M. Pfeiffer sont à peu près les seuls, comme pianos carrés qui entrent en concurrence avec les pianos allemands et anglais en Amérique, en Hollande et en Belgique.

SOUFFLETTO, à Paris, 174, rue du Faubourg Saint-Martin. — Médaille d'argent en 1834. — Pianos. — M. Souffletto, par son seul travail, a su conquérir une place très-distinguée dans la facture instrumentale. Son invention seule pour égaliser les touches de ses claviers à l'instant même, sans aucun secours étranger, telle que carte et papier, lui doit mériter la faveur des connaisseurs. M. Souffletto, simple ouvrier, voulant s'établir, ne s'est accolé à aucun grand nom ; à l'aide d'une association pécuniaire, il acheta un terrain sur lequel il a fait construire de magnifiques ateliers ; ayant imaginé de nouveaux outils pour ses nouvelles combinaisons, tous ont été exécutés chez lui; ainsi tout se fabrique sous ses yeux. Toutes les parties de l'instrument sont revues attentivement par ce facteur, qui trouve sans cesse à introduire des perfectionnemens. La table d'harmonie a été surtout étudiée avec constance ; il est parvenu à la rendre cintrée par un barrage qui lui est particulier : ainsi les cordes pèsent sur elle comme sur celle d'un violon, à laquelle elle ressemble. Il a perfectionné également l'échappement; enfin, il nous faudrait un article volumineux, pour détailler tout ce qu'a fait pour la facture M. Souffletto. Il faut avoir vu et examiné le piano à queue déposé dans les salles de l'exposition, pour se faire une idée de la qualité du son que ce facteur est parvenu à obtenir de la légèreté du clavier, de la docilité du mécanisme, et enfin du fini parfait de toutes les parties de l'instrument. Ce piano ne fait pas exception au travail ordinaire de M. Souffletto, tout ce qui sort de sa maison est aussi bon et aussi bien terminé.

TAURIN, à Paris, 50, rue de la Chaussée d'Antin.—Pianos.—M. Taurin a eu pour but dans sa fabrication d'améliorer la qualité du son. Pour y parvenir, il a cherché à affranchir la table d'harmonie du poids énorme dont on l'a chargée en faisant peser sur elle toutes les

cordes , par l'angle qu'elles décrivent sur le chevalet. On est obligé de donner à la table la
résistance exigée, pour que ses vibrations soient en rapport avec les vibrations des cordes ,
et mettre des barrages en dessous.

M. Taurin a cherché à donner à la table d'harmonie l'épaisseur voulue , pour que ses vibrations soient en rapport avec celle des cordes ; il a voulu également se servir de cordes
encore plus fortes que celles employées actuellement, sans cependant raccourcir le diapason. Il a donc déchargé la table d'harmonie du poids dont on l'a écrasée jusqu'à ce jour;
pour y parvenir , il rend la table parfaitement libre , il ne lui fait remplir qu'une seule
fonction, celle de reproduire et de développer le son ; elle n'est rapprochée qu'au point de
contact avec l'ame du chevalet , qui ne sert que comme conducteur de son des supports
des cordes à la table d'harmonie. M. Taurin a fixé les cordes de son piano sur cinq supports
particuliers qu'il peut enlever à volonté ; la table d'harmonie est placée derrière ces supports. La perfection du piano étant presque toute dans cette partie, on peut la démonter
avec facilité et y faire les changemens nécessaires. Ce facteur a rendu mobile l'ame ou
pièce conductrice du son ; il peut la placer où il le juge le plus convenable. — Les sillets
de son piano sont en verre : il croit par l'emploi de cette matière éviter la casse des cordes
et parvenir à obtenir un son libre et clair. Pour rendre , par un moyen simple , les claviers
plus ou moins durs , selon les besoins des personnes qui s'en servent ou l'exigence du
maître , ce facteur a imaginé d'établir une traverse mobile se prolongeant sur toute la largeur du clavier ; cette traverse est garnie d'autant de ressorts qu'il y a de touches sur lesquelles ils portent ; la pression s'obtient au moyen d'une vis qui pèse à volonté sur la traverse, emmenant avec elle le levier d'un indicateur qui marque le degré de pression où l'on
est parvenu.

Les cordes employées par M. Taurin sont du numéro douze et demi au numéro vingt-
deux. Ce facteur avait déjà exposé ce système en 1834 ; mais , à cette époque , son piano
n'était pas terminé ; cette année il a été plus heureux , il a exposé un instrument achevé
et perfectionné.

MERCIER , à Paris , 4 , rue Basse-Saint-Pierre. — Pianos. — M. Mercier a fondé sa fabrique de pianos depuis 1828 , spécialement pour la construction du piano droit. Nous
avons surtout remarqué à l'exposition un piano richement décoré , dont tous les ornemens
étaient de bon goût. Quoique les caisses soient pour nous un objet de peu d'intérêt, nous
avons remarqué dans les décorations de cette partie de l'instrument tant d'absurdités et
tant de choses de mauvais goût , que nous croyons devoir féliciter ceux qui n'ont pas suivi
une pareille route ; dans le piano droit de M. Mercier , l'application d'un double étouffoir,
moyen utile, surtout lorsque l'on exécute un récitatif, est digne de remarque. Cet étouffoir a
été placé, en démasquant le mécanisme et au-dessous des cordes, contrairement à l'étouffoir
ordinaire ; de cette manière , il rencontre plus facilement le centre des vibrations et peut
les arrêter instantanément. M. Mercier est un des bons facteurs sortis des ateliers de M. Roller ; sa construction est généralement bonne et nous avons aperçu chez lui du progrès.

VANDEVETER, à Paris, 370, rue Saint-Denis. — Piano. — Quoique nouveau, ce facteur, qui a travaillé pendant long-temps dans les manufactures les plus recommandables, est parvenu à faire un piano droit fort remarqué par l'élégante simplicité de sa forme et par la grande sonorité de ses basses. Il a rendu cet instrument léger au toucher. En faisant un corps cylindre en doucine allongé, ce facteur a obtenu trois pouces de longueur de plus dans ses claviers, ce qui lui donne un très-grand avantage pour cadencer. Nous ne pouvons qu'engager M. Vandeveter à continuer la route qu'il a commencée.

GUERBER, à Paris, 38 *bis*, rue Vivienne. — Pianos. — La fabrication de ce facteur est généralement bonne; il n'y a pas chez lui charlatanisme, aucune annonce amphatique, aucune invention nouvelle renfermée dans une caisse hermétiquement fermée, aucun prix courant établi pour le moment seulement. M Guerber, qui est parvenu à confectionner des marteaux inaltérables, a compris tout l'avenir de l'exposition; il s'est soumis à toutes ses exigences.

LEBLANC, 11, rue de Jouy. — Pianos. — M. Leblanc a exposé de beaux pianos. Ce facteur se distingue par la richesse de ses bois et l'élégance de ses ornemens. Dans le piano à queue qui figurait à l'exposition, nous avons remarqué que M. Leblanc avait employé le mécanisme de Petzold, mais corrigé par lui. M. Leblanc y a ajouté un contrepoids, dans le but d'alléger le mécanisme et d'augmenter la force du levier chargé de lancer le marteau vers la corde. L'échappement est en forme d'équerre, de sorte que la vis qui fait échapper au lieu d'être près de l'axe, s'en trouve à une grande distance, ce qui doit rendre imperceptible le temps d'arrêt ou ressaut; le frottement que l'on rencontre si fréquemment quand le marteau retombe dans les autres systèmes est ici presque nul. M. Leblanc a adopté le barrage en fer d'Erard. Quant au son, M. Leblanc n'a rien innové; il y a assez d'égalité dans son clavier. La basse, le medium sont d'une belle sonorité; mais le dessus raisonne l'acier et pêche par un peu de sécheresse, ce qui provient, je crois, du manque d'homogénéité dans les matières formant les sillets.

M. Leblanc a exposé également un piano carré en bois de palissandre avec des incrustations en cuivre et ivoire gravées au burin. Les dessins de tous les ornemens sont faits par M. Leblanc; l'intérieur n'offre aucune amélioration. C'est le système de Pleyel établi avec beaucoup de fini. M. Leblanc est parvenu à réduire beaucoup ses prix de fabrication; ses prix sont modérés. et le commerce devra y trouver un grand avantage.

GRUS, à Paris, 60, rue Saint-Louis, au Marais. — Mention honorable en 1834. — Pianos carrés et pianos droits. — Les instrumens de M. Grus ne laissent rien à désirer sous le rapport de l'étendue et de l'égalité du son; ils nous ont, en outre, paru confectionnés avec tout le soin possible.

PFEIFFER (Emile), à Paris, 33, rue de Clichy. — Pianos. — M. Emile Pfeiffer a exposé deux jours avant la fin de l'exposition, un piano droit à régulateur harmonique.

La difficulté de maintenir l'accord des pianos a toujours été un des graves inconvéniens de l'usage de ces instrumens; il y a peu de personnes, excepté les accordeurs, que la difficulté de faire ce que ces derniers appellent la partition n'arrête complètement. Pour surmonter cet obstacle, ce facteur a adapté, aux pianos qu'il avait exposés, un régulateur harmonique, au moyen d'un petit orgue expressif de deux octaves qui débarrasse entièrement l'accord du piano de la seule partie difficile. La disposition des cordes dans le piano étant verticale a permis, au moyen de quelques dispositions nouvelles dans le mécanisme et le cheviller, de faciliter la partie purement mécanique de l'opération, et l'emploi d'un métal allié inoxidable pour les anches offre une certitude complète que le régulateur ne variera presque jamais. Le régulateur harmonique, indépendamment de son but pour l'accord des pianos, ajoute à cet instrument un orgue expressif de plusieurs octaves. Nous regrettons vivement de n'avoir pu examiner ces instrumens afin d'en constater les avantages.

GIBAUT, à Paris, 38, rue de la Chaussée d'Antin; ateliers, 43, rue Charlot, au Marais. — Mention honorable en 1834. — Pianos droits. — M. Gibaut, qui avait figuré avec honneur à la précédente exposition, avait exposé cette année plusieurs pianos verticaux à cordes obliques, qui ne laissent rien à désirer sous le rapport de l'étendue et la pureté du son, et qui nous ont paru construits solidement et irréprochables de formes et d'ornemens. M. Gibaut livre les instrumens de sa facture à des prix très-modérés, et sa fabrication, déjà considérable en 1834, prend tous les jours une extension nouvelle.

KOSKA, à Paris, 14, rue Sainte-Croix de la Bretonnerie. — Mention honorable en 1834, médaille d'argent de l'Académie de l'Industrie en 1837. — Pianos carrés et pianos droits. — M. Koska avait exposé un piano carré dont le clavier est placé presqu'au milieu, ce qui permet aux marteaux d'attaquer les cordes plus au centre, produit une vibration très-étendue et une grande sonorité.

Un piano droit, système nouveau de son invention: le mécanisme de ce piano est d'une extrême simplicité, il fait disparaître l'écho discordant que produisent les étouffoirs toujours placés au-dessus ou au-dessous des frappemens des marteaux; par ce nouveau système les cordes sont étouffées à l'endroit même où le marteau les attaque.

MONTAL (Claude), breveté d'invention et de perfectionnement pour roulettes et chevalet à trois pointes, nouveau sommier prolongé, etc., etc.; facteur et accordeur de pianos, professeur d'accord, élève aveugle et ancien professeur de musique et de mathématiques à l'Institution royale des jeunes aveugles de Paris, auteur de l'*Art d'accorder soi-même son piano*; à Paris, 36, rue Dauphine, passage Dauphine. — Pianos. — Par ses études en musique, en mathématiques, en mécanique et en physique, M. Montal, alors qu'il était professeur à l'Institution des jeunes aveugles, s'est vu conduit à faire des recherches sur le tempérament des instrumens à sons fixes, tels que l'orgue, le piano, etc., etc., dans l'espoir de concilier la pratique avec la théorie ; tous les savans, depuis Mersenne, s'étaient occupés de cette question, mais en physiciens seulement, n'étant pas accordeurs. Ceux-ci se déclaraient pour le tempérament inégal, on ne décidait rien et ces dissertations savantes ne jetaient aucune lumière sur la pratique. Les accordeurs n'avaient pas les connaissances suffisantes et spéciales pour lire avec profit ces théories et s'en tenaient souvent à des traditions dont les principes s'entredétruisaient mutuellement, et cela dans la même partition ou opération de l'accord. M. Montal a tranché la question jusqu'à ce jour indécise, en publiant, sous le titre de l'*Art d'accorder soi-même son piano*, un ouvrage dans lequel la pratique se trouve enfin unie à la théorie ; il a même rendu fort accessible aux amateurs, à la condition de quelques études pratiques, l'accord du piano, considéré jusqu'à ce jour comme un enseignement impraticable.

M. Montal ne s'en est pas tenu là. Malgré la cécité complète dont il est frappé, ses connaissances théoriques et pratiques l'ont mis à même d'établir une fabrique de pianos, et dans cet instrument il vient d'introduire des perfectionnemens notoires, appréciés par les gens de l'art.

Trois pianos, un piano à queue, à bascule et à table renversée, un piano droit à cordes obliques, et un pianino à cordes verticales ont été préparés pour l'exposition, mais ils n'ont pu y figurer que l'un après l'autre, vu l'exiguité de l'emplacement accordé à M. Montal.

Le piano à queue à sept octaves est construit dans les conditions les plus favorables pour la sonorité et la propagation du son. L'expérience prouve que lorsqu'un corps mince, comme une table d'harmonie, est interposé entre les cordes vibrantes et l'oreille de l'auditeur, le son prend beaucoup plus de volume. On remarque généralement ce résultat à l'occasion d'un piano droit quand le public est en face de l'exécutant, c'est-à-dire quand le piano est entendu par derrière ; le piano, retourné, fait entendre le son dans sa plénitude. M. Montal a dû spéculer sur l'emploi de ces conditions harmoniques. A cet effet, il a construit son piano à queue tout à l'opposé des pianos à queue ordinaires. La table d'harmonie, les cordes et la mécanique se trouvent placées dessous l'instrument. Par cette disposition le marteau pousse la corde sur le sillet et contre la table d'harmonie, lance le son de bas en haut par l'intermédiaire de la table d'harmonie, qui se trouve en contact avec la colonne d'air supérieure, et par là l'exécution obtient une qualité de son meilleure, plus forte, se propageant avec plus d'extension. De la sorte il obtient les avantages des pianos à frappemens en dessus, sans avoir l'inconvénient de leur mécanisme, plus sujet à se déranger que dans les pianos ordinaires ; ici le marteau retombant par son propre poids au lieu d'être relevé par un ressort.

M. Montal dans son système d'échappement évite les frottemens par la suspension du ressort et l'interposition de petites roulettes ou cylindres entre les points de contact ; l'échappement agit ainsi sur lui-même, le jeu du clavier devient plus facile, la répé-

Im. de Lemercier, Bénard et C.

Rouet de M.ʳ Guérin.
Exposition de 1839.

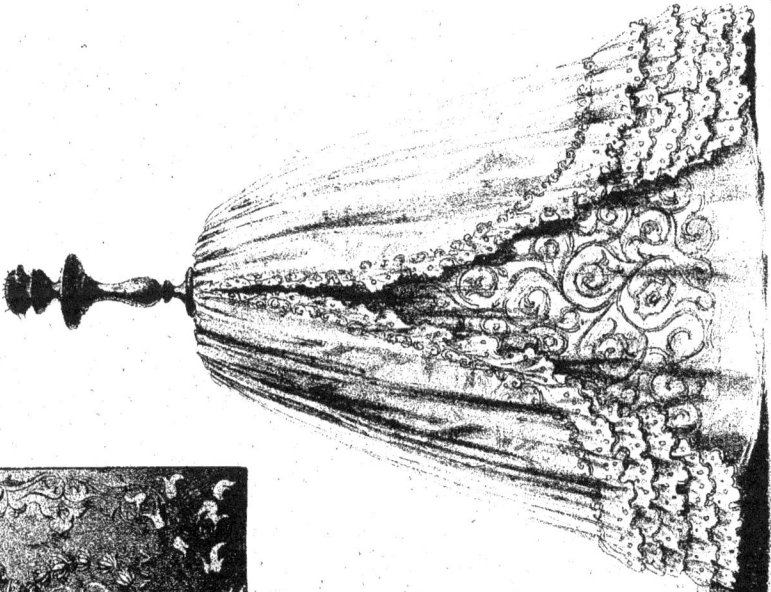

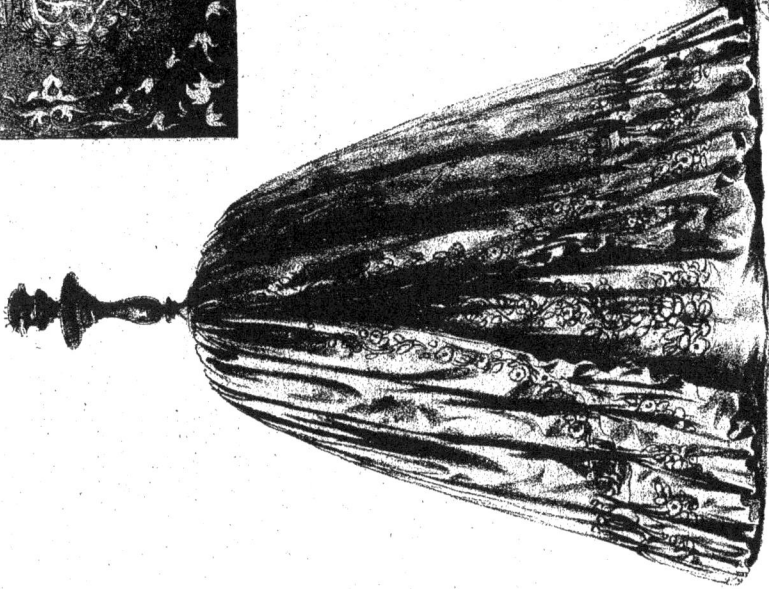

Broderies de Mr Eugène Beauvais.
Exposition de 1839.

N.º 54.

Pendules de Mr Mallat.
Exposition de 1839.
N° 840.

Imp. de Lemercier, Bénard et C.

Journaux des connaissances utiles.

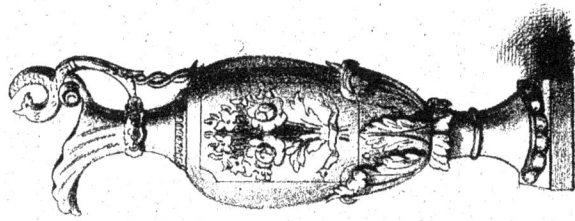

Pendule et Vases en albâtre de M. Die.
Exposition de 1839.

N° 842.

Imp. de Lemercier, Benard &Cie.

Boudier.

Imp. de Lemercier, Bénard et C.

Bouquet en papier de M. Prevost Wenzel.

Cornet à pistons de Mr. Halary.
Exposition de 1839.

Nº 1432

Imp. de Lemercier, Bénard et C.

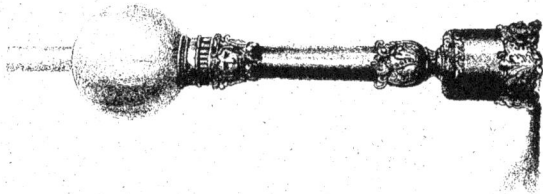

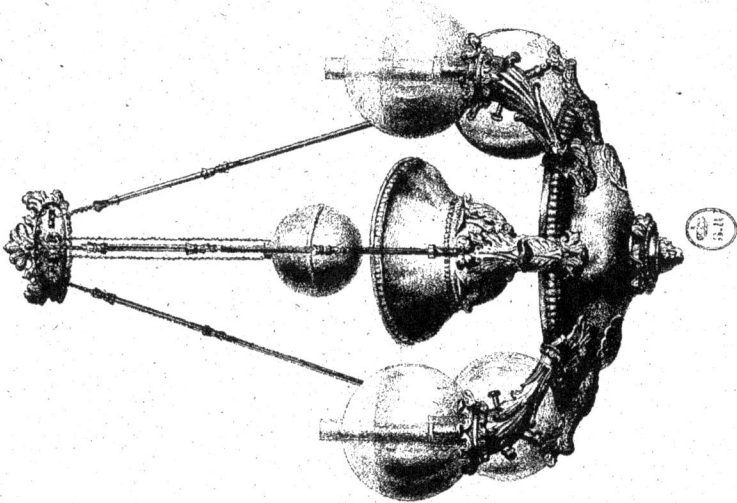

Lampes de M. Colachet.
Exposition de 1839.

N° 1492.

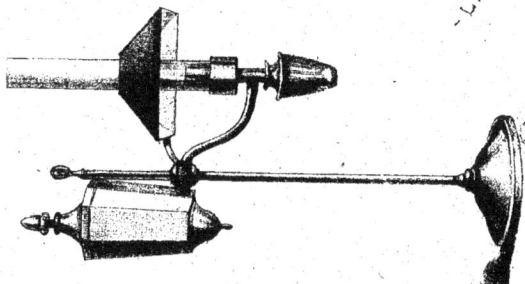

Imp. de Lemercier, Bénard et C.

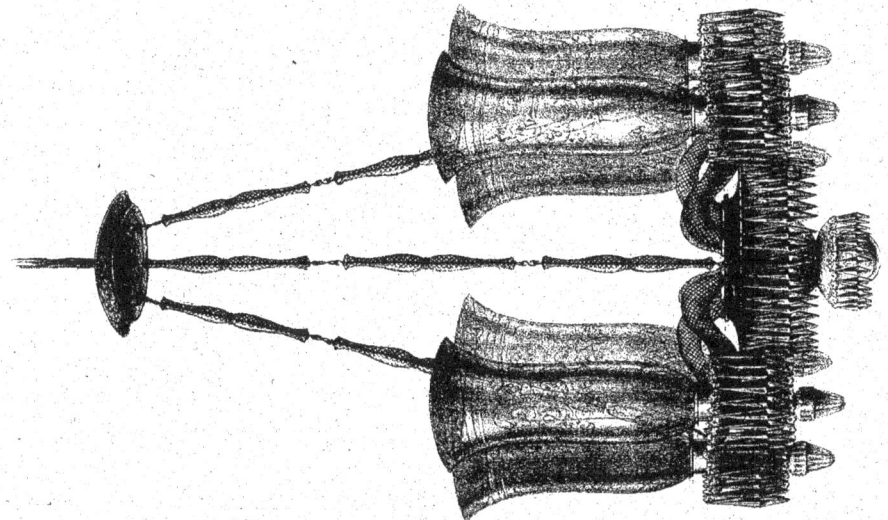

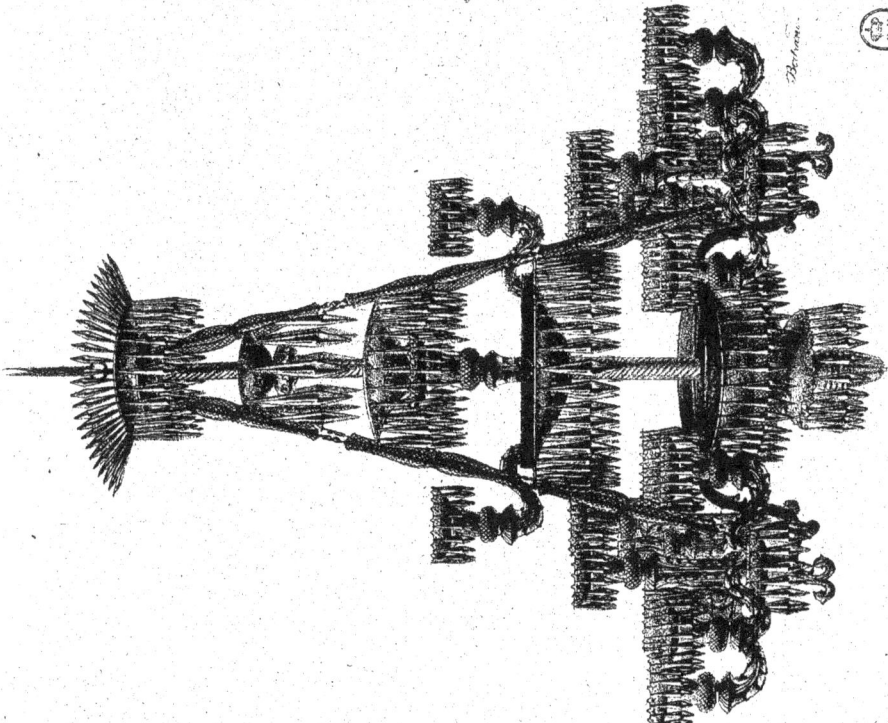

Lustres en cristaux de M.r Cattaert.
Exposition de 1859.

N.° 331.

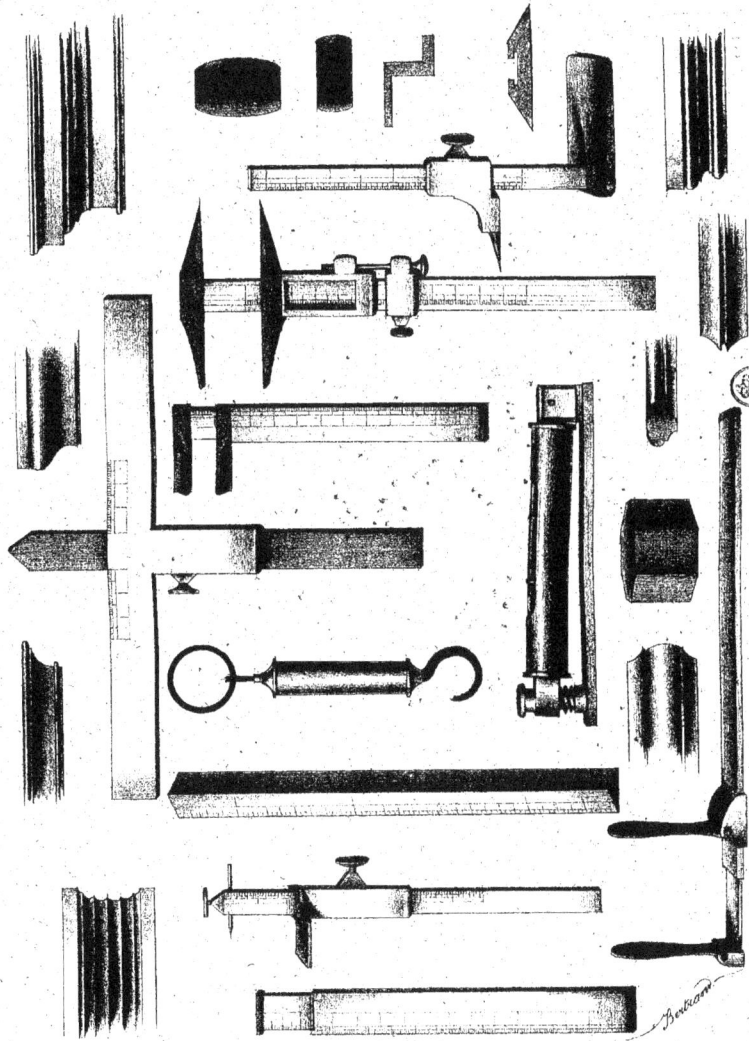

Panorama de l'Industrie Française.

Instruments de précision de MM. Vande et Jeanray.
(Exposition de 1839.)
N° 392.

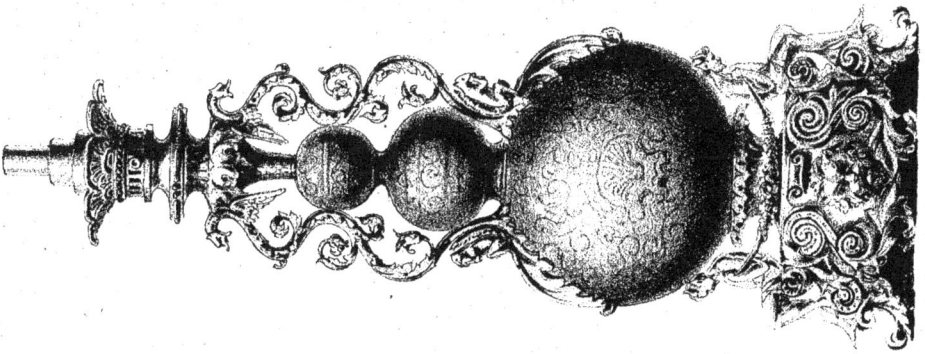

Lampes mécaniques de M.M. Barreau et Delesmenil.

(Exposition de 1839) N° 363.

Im. de Lemercier, Bernard et C.

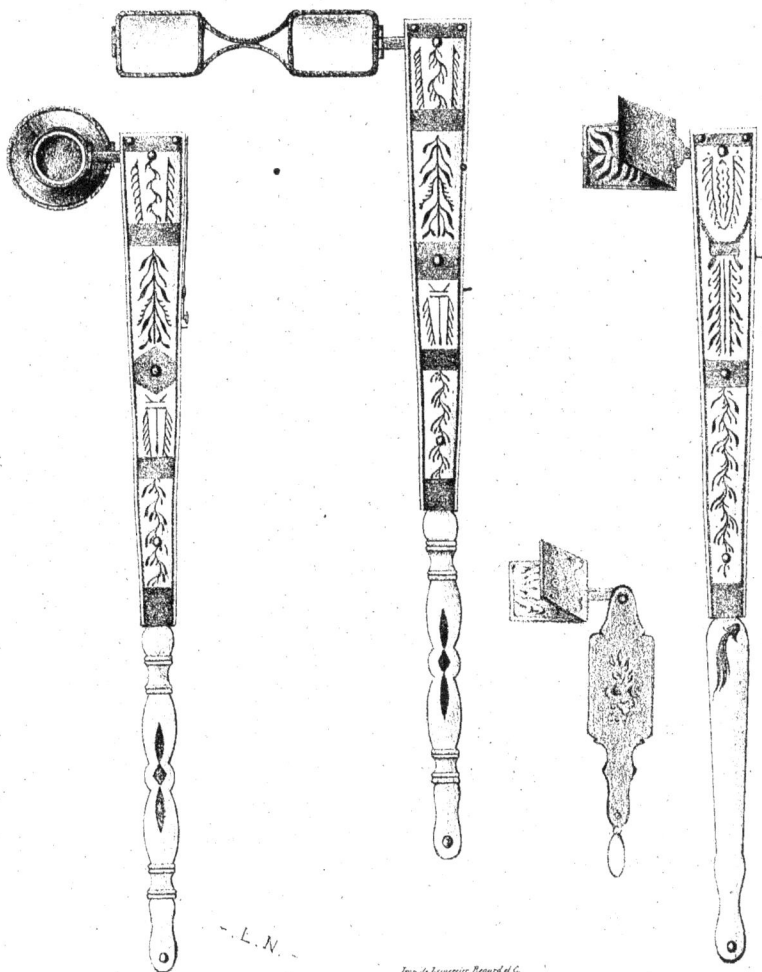

Éventails Lorgnettes faces à main et Cassollettes à ressort de M.ʳ Lebel breveté.

Exposition de 1839.

N° 979.

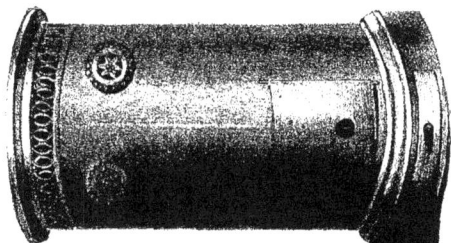

— L. V. —

Orfèverie de Mr. Dela-Roche.

Exposition de 1839.

N° 992.

Imp. Lemercier, Bénard &C.

Imp. d'Lemercier Bénard et C.

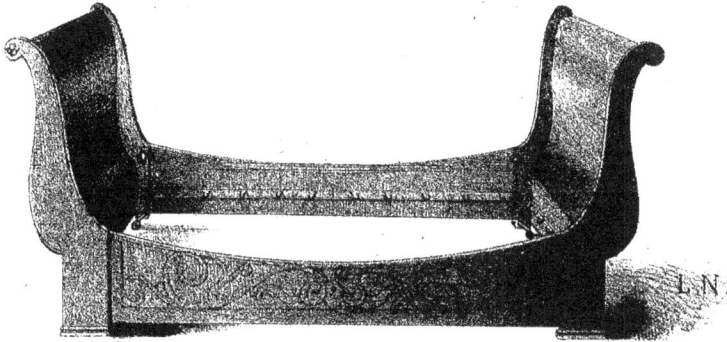

Lits en fer de M.r Lemoine.

Imp. de Lemercier Bénard.

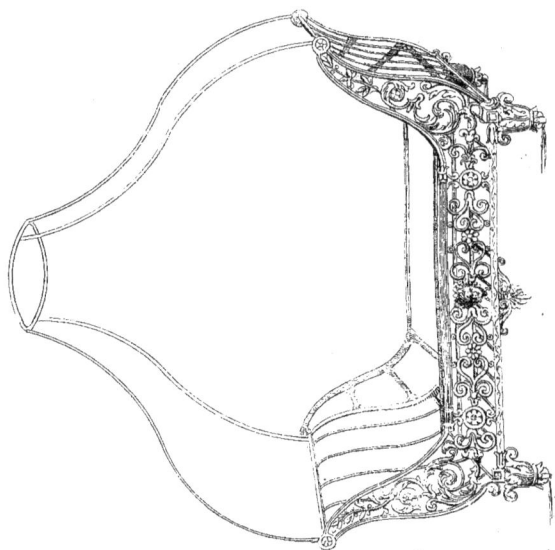

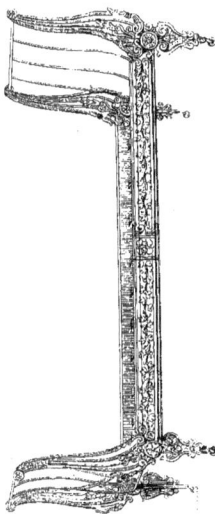

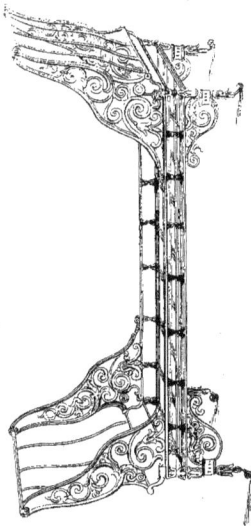

L. N.

Lits de fer de Me G. Girard.
expostion de 1839.
N.º 1585

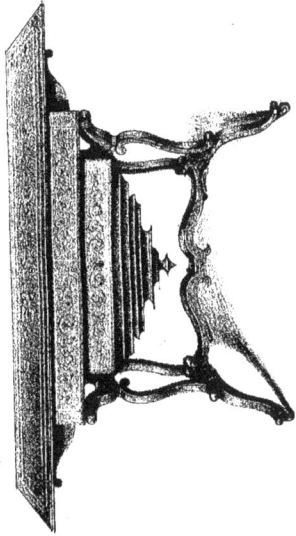

Meuble de Riegle.
Exposition de 1839.

N.º 2820.

Imp. de Lemercier-Benard et C.ᵉ

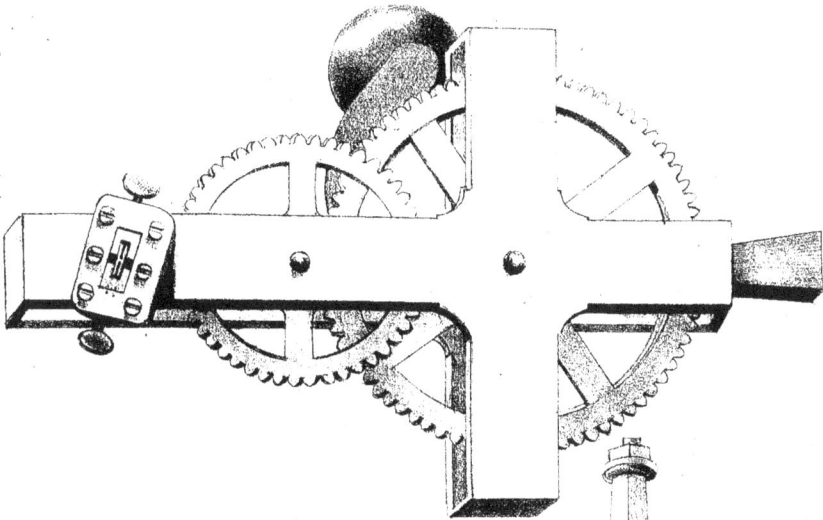

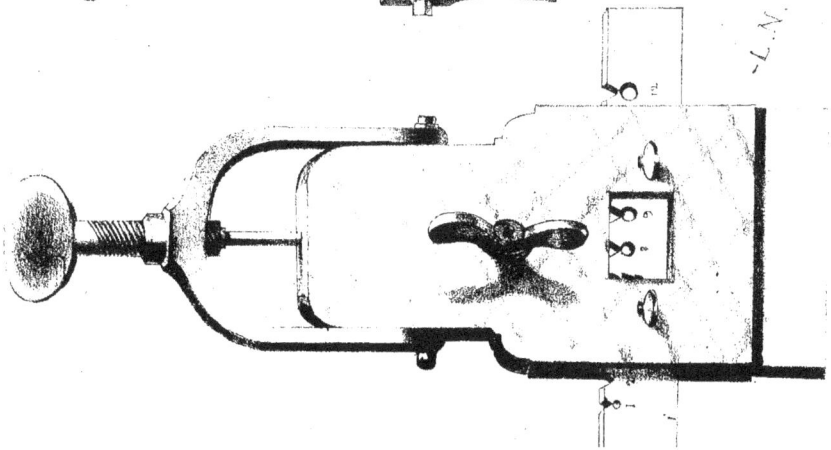

Outils de Bijoutier de Mr Clequot mécanicien.

exposition de 1839

Imp. de Lemercier, Benard et C.

N° 212

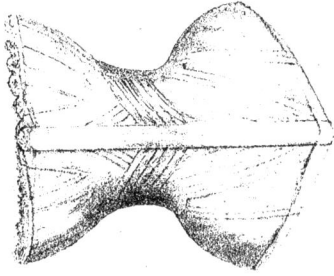

Panorama de l'Industrie Française

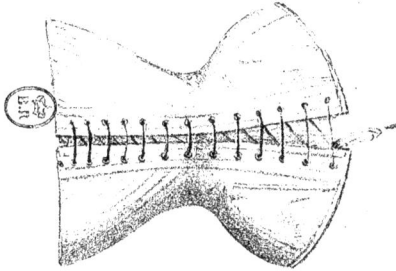

Corsets de Mᵐᵉ Farian.
Exposition de 1839.
Nᵒ 2868.

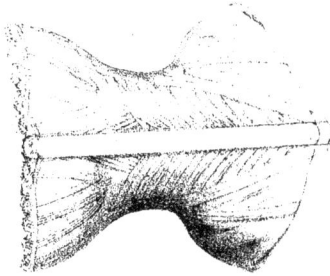

Imp. de Lemercier Paris.

Panorama de l'Industrie française.

Bronzes de la fonderie de Mrs Jouanneux f^{res}.
Exposition de 1839.
Nº 1130.

Imp. de Lemercier, Bénard et C.ie

M.me Blanche

Im. de Lemercier, Benard et Cie

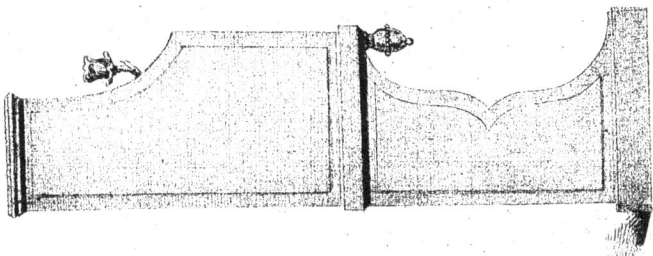

Imp. de Lemercier, Bernard & C.

Piano de Mr Roger
Exposition de 1839.

N.° 366.

L.H.

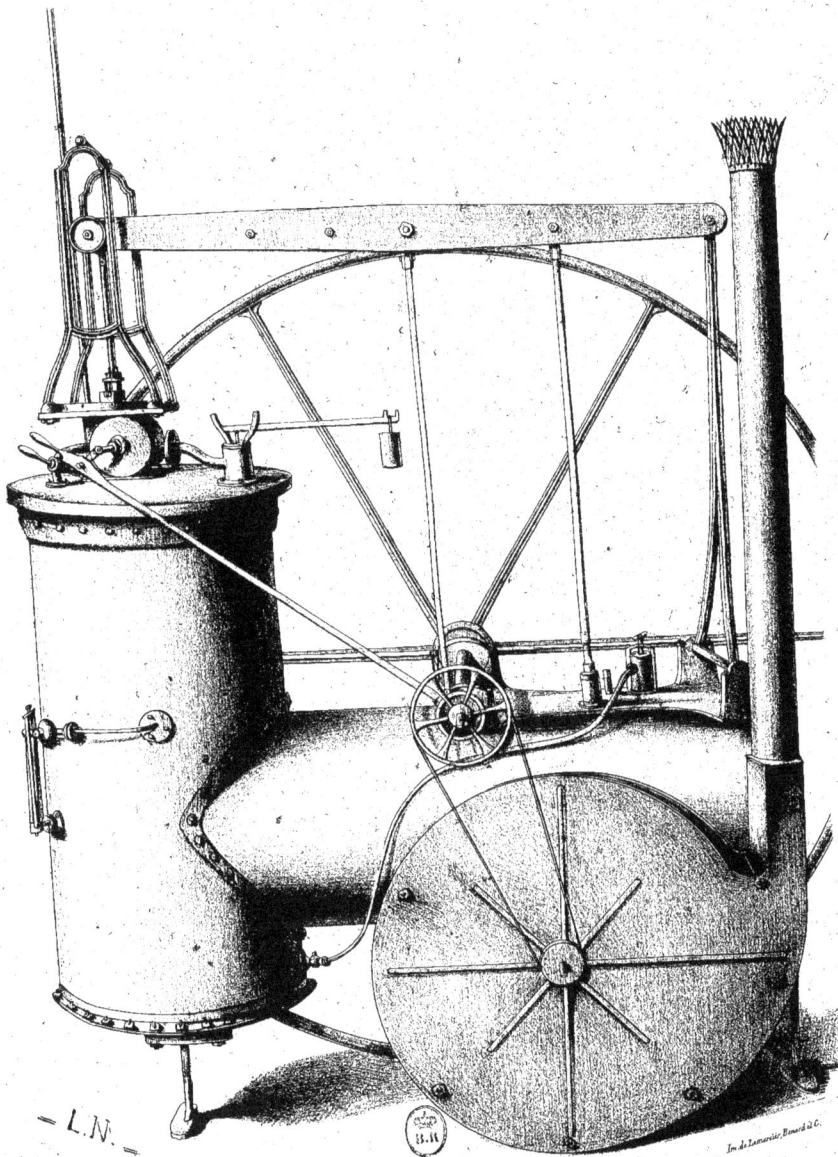

— L.N. —

Machine à vapeur de M.ʳ Rouffet fils.

Im. de Lemercier, Benard et C.

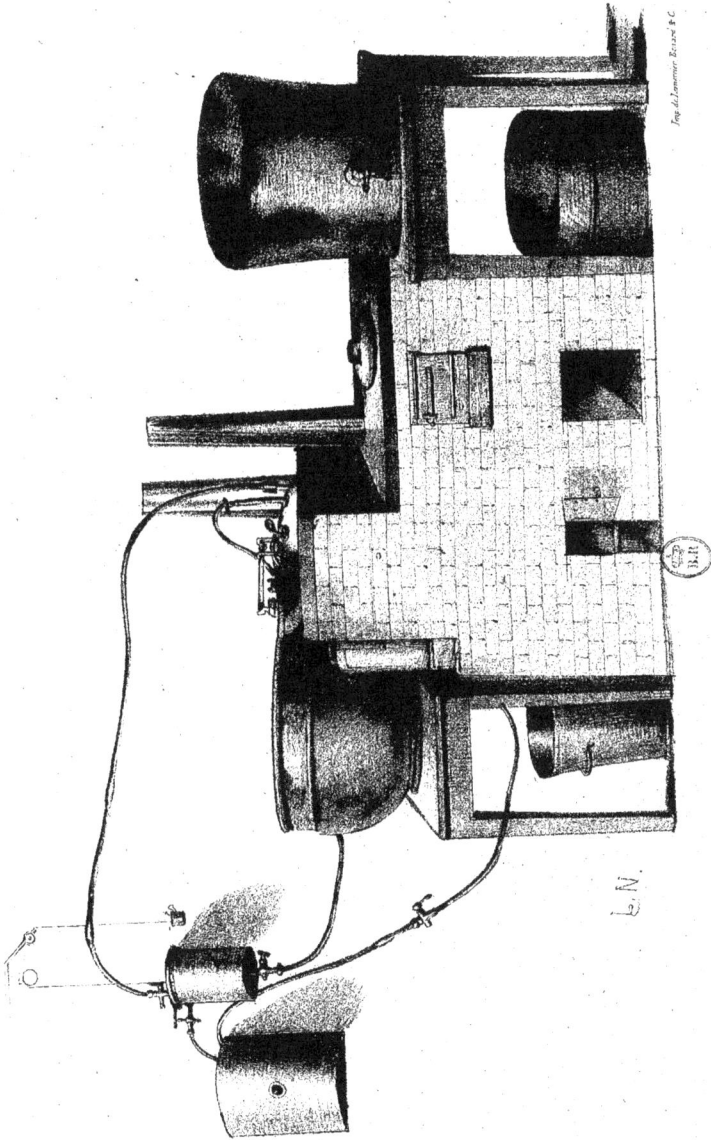

Panorama de l'Industrie Française

Tome 9. 36

Imp. de Lemercier, Benard & C.

L.N.

Appareil de Mr Lemoyne
Exposition de 1839

N° 2652

Imp. de Lemercier, Benard et C.

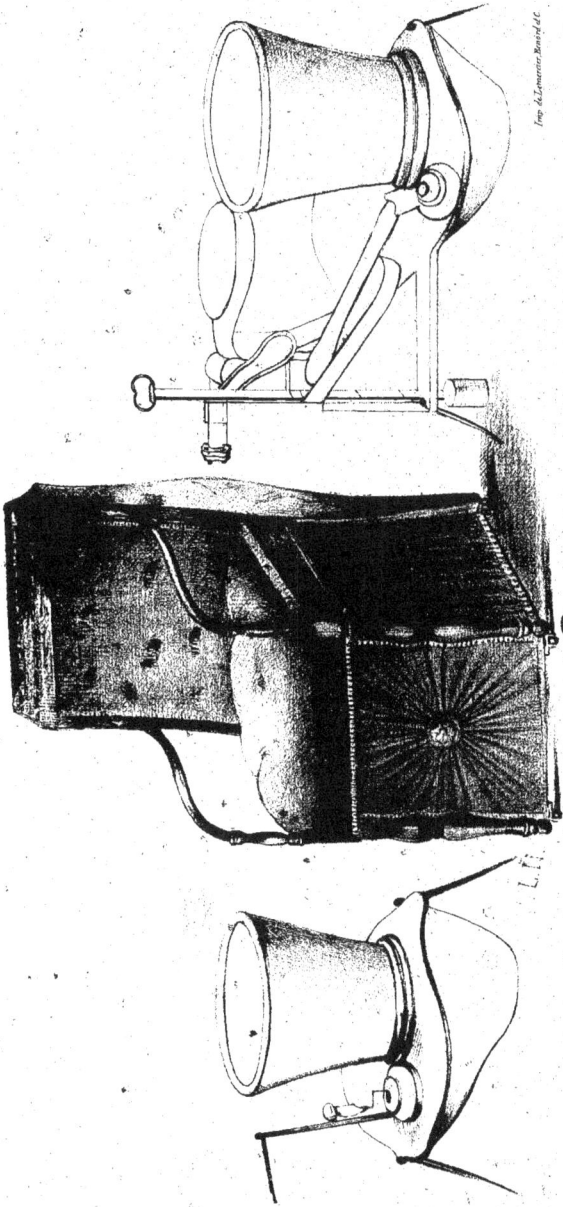

Garde-robes de Mr. Wohr.
Exposition de 1839.

N° 1327.

Imp. de Lemercier Bénard et C.

Pompes de M. Levesque
Exposition de 1839

Imp. Lemercier, Bernard & Cie.

N° 1104

LEVESQUE

L.N.

Imp. de Lemercier, Bénard et C.

Dais de Mr Lecocq.
Exposition de 1839.
N.° 2802.

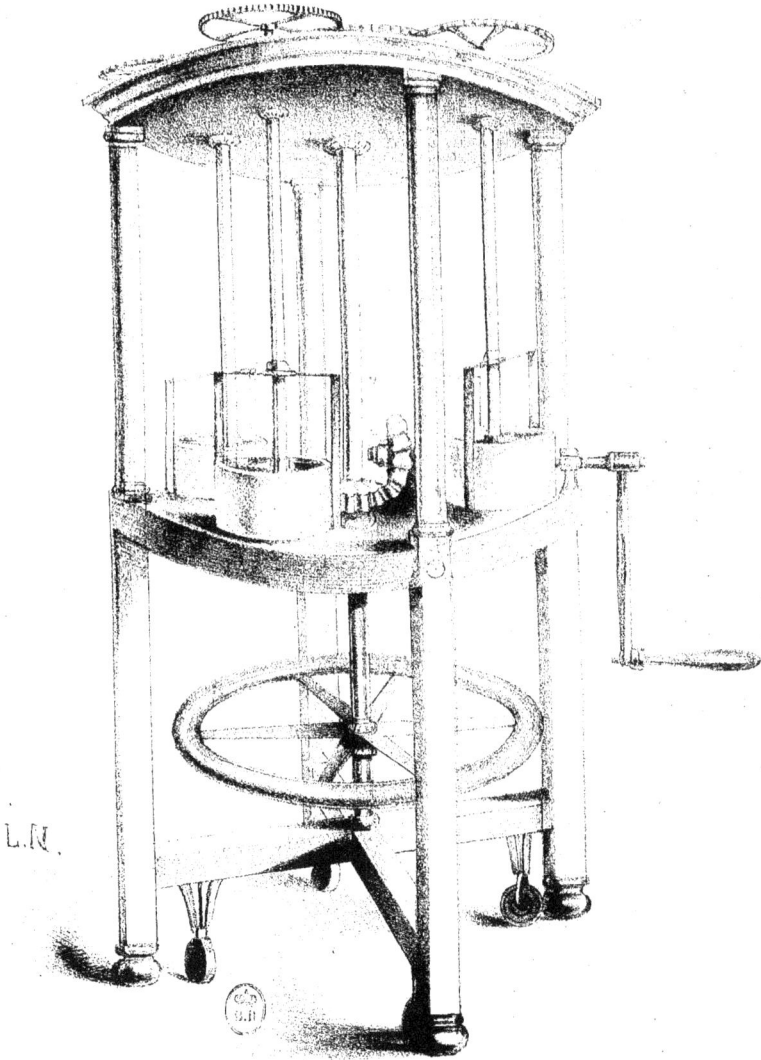

Im. de Lemercier, Benard et C.

Machine à broyer les couleurs de M.ᵉ Chapelle.

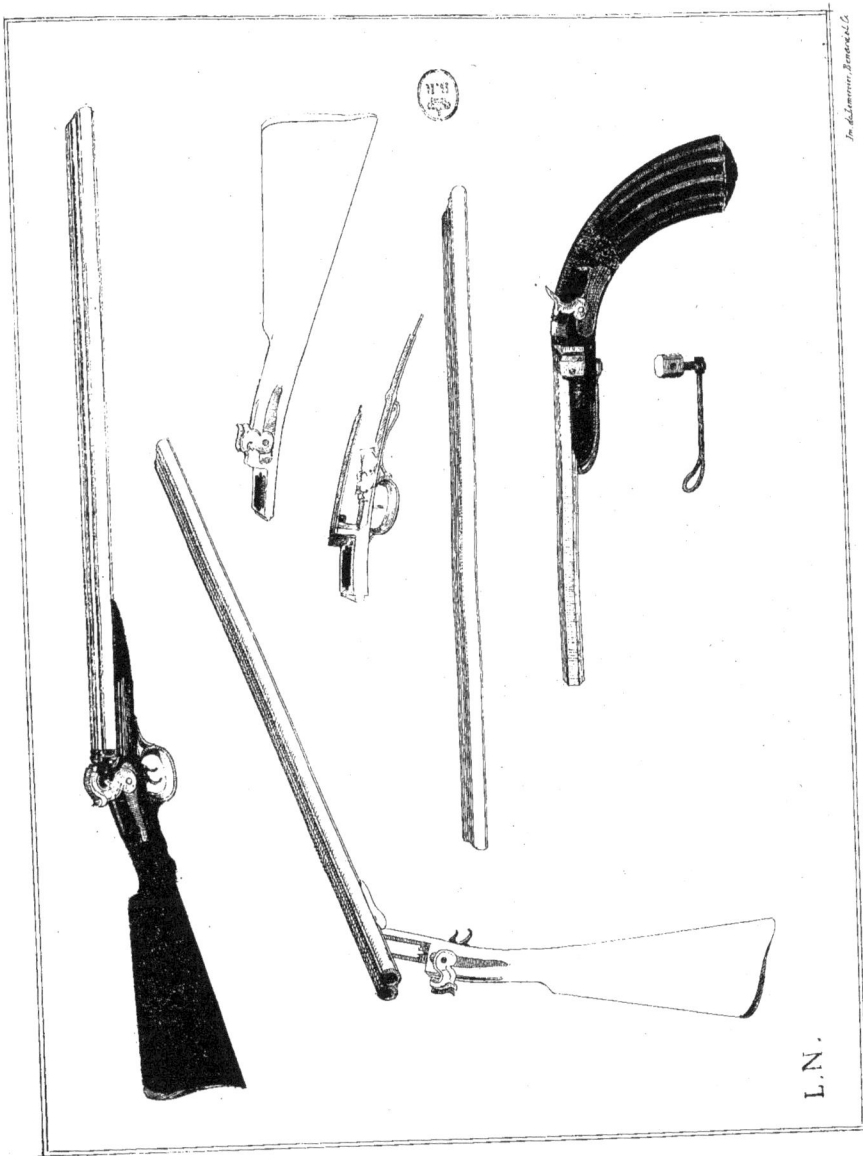

Fusils et Pistolet de Mʳ Reuinger
Exposition de 1839.
Nº 621.

L. N.

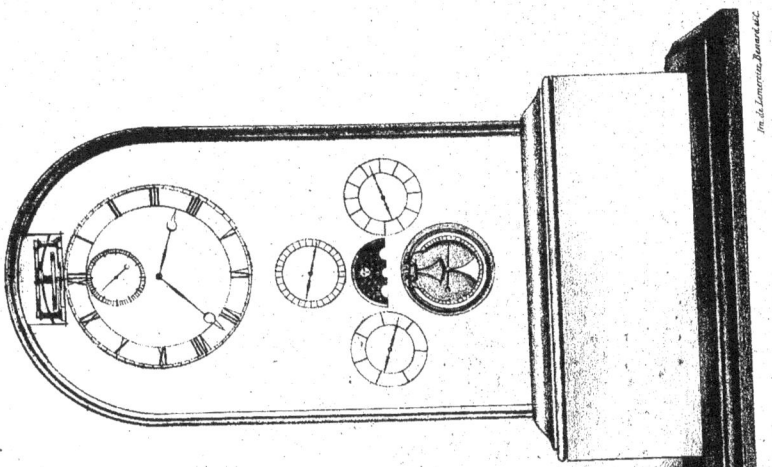

Pendule et Régulateur de M. Bourdin.
Exposition de 1839

N° 159

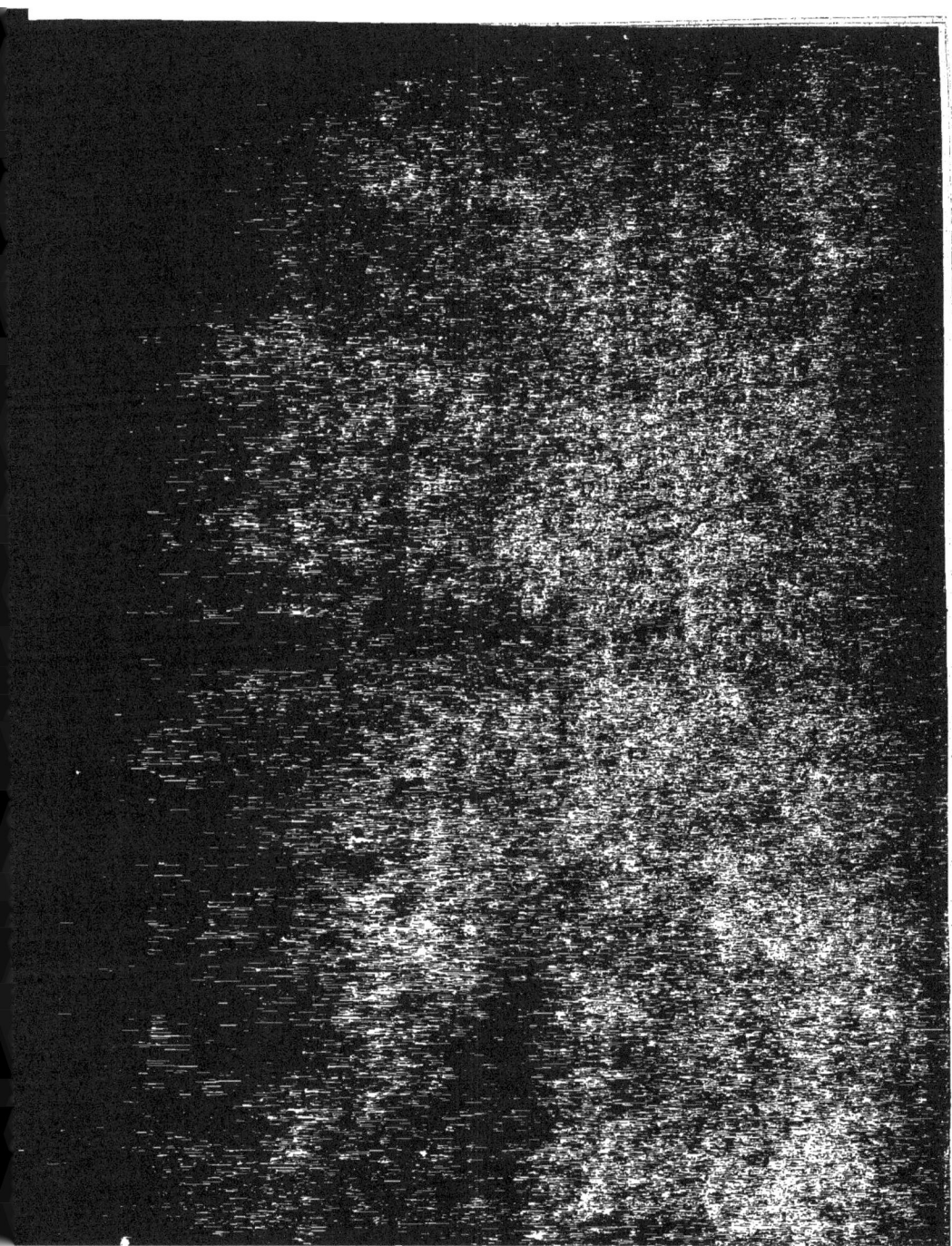

Plusieurs de nos souscripteurs seront, sans doute, étonnés du retard qu'a éprouvé la publication de notre ouvrage ; si cependant ils avaient bien voulu réfléchir quelques instans, ce retard leur aurait paru très-naturel. En effet, les matériaux qui doivent servir à la rédaction d'un ouvrage aussi considérable que le nôtre ne se rassemblent pas en un jour; mais enfin nous sommes en mesure et prêts à livrer, à ceux de nos souscripteurs qui en manifesteraient le désir, quatre et cinq livraisons par semaine.

Nous espérons que la lecture de cette livraison et de celles qui suivront, à des intervalles très-rapprochés, ainsi que l'aspect de nos dessins, fera mieux connaître, que tous les discours possibles, ce que nous voulons faire, et justifiera aux yeux de tous la phrase qui termine notre prospectus : « Le Panorama de l'Industrie française est destiné à devenir le livre d'or de notre Commerce et de notre Industrie ».

L'ouvrage formera 2 vol. in-4° de cinquante feuilles d'impression au moins chacun. Chaque volume sera livré aux souscripteurs par livraison de deux feuilles de texte sans dessin, ou d'une feuille avec dessin, au prix de 1 fr. 25 c. chaque.

PARIS.—IMPRIMERIE DE BEAULÉ,
8, rue François Miron

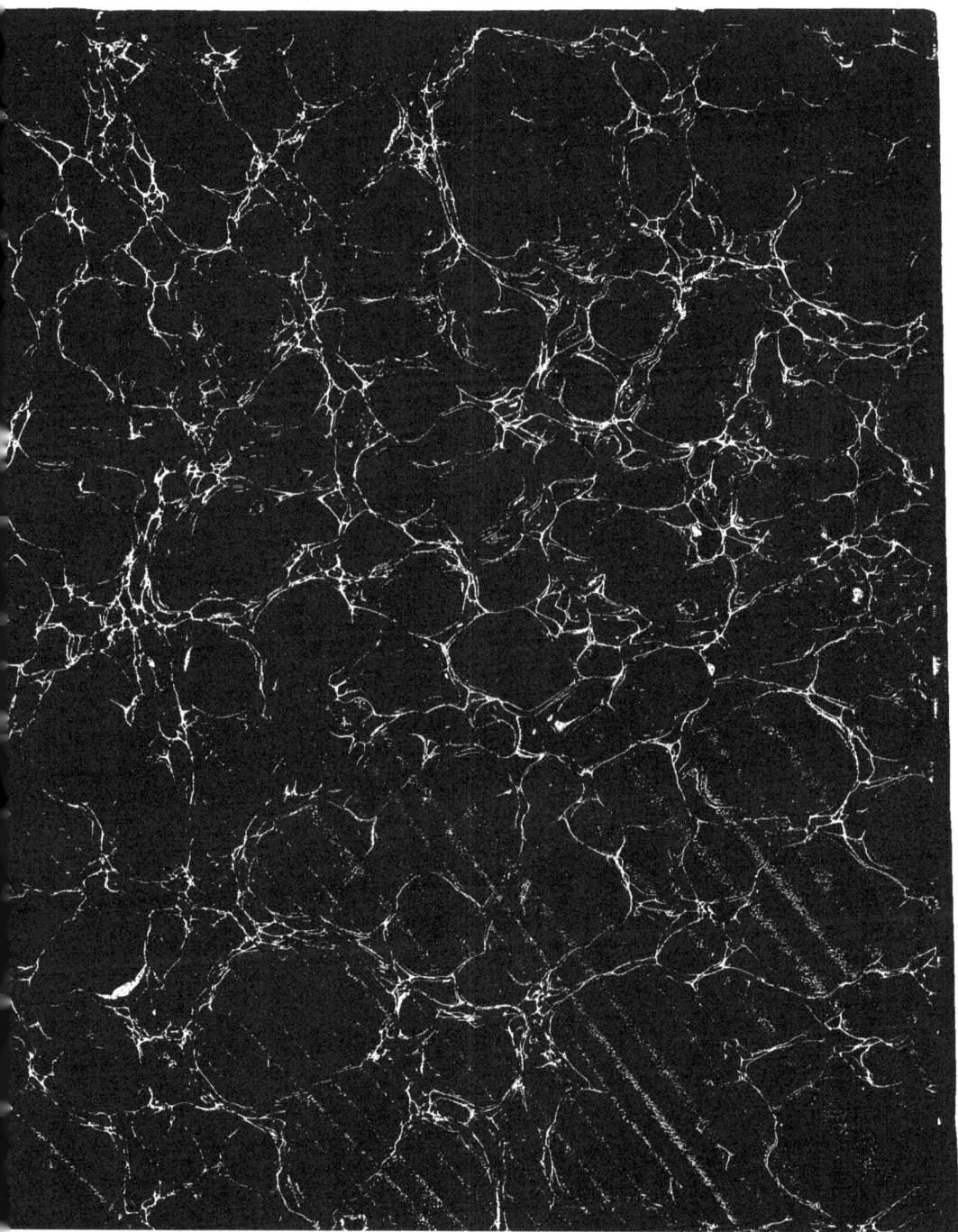

www.ingramcontent.com/pod-product-compliance
Lightning Source LLC
Chambersburg PA
CBHW031328210326
41519CB00048B/3616